国家重点研发计划课题“变化环境下黄淮海地区地下水超采演变规律及驱动机制”(2021YFC3200501)

南京水利科学研究院中央级公益性科研院所基本科研业务费专项资金重大项目“华北地区河湖补水对地下水水质影响研究”(Y520011)

南京水利科学研究院中央级公益性科研院所基本科研业务费专项资金项目“多[illegible]测数据的融合及其水文效用评估 ”(Y521004)

南京水利科学研究院出版基金资助出版

多源降水空间估计方法及其流域径流模拟潜力评估

陈 韬 任立良 林 锦 王会容 柳 鹏 闻雪之 李 伟 ◎著

河海大学出版社
HOHAI UNIVERSITY PRESS
·南京·

图书在版编目(CIP)数据

多源降水空间估计方法及其流域径流模拟潜力评估 / 陈韬等著. -- 南京 ：河海大学出版社，2022.10

ISBN 978-7-5630-7734-2

Ⅰ. ①多… Ⅱ. ①陈… Ⅲ. ①降雨径流—水文模拟 Ⅳ. ①P333.1

中国版本图书馆 CIP 数据核字(2022)第 185485 号

书　　名 多源降水空间估计方法及其流域径流模拟潜力评估
书　　号 ISBN 978-7-5630-7734-2
责任编辑 周　贤
特约编辑 刘建龙
责任校对 张心怡
封面设计 张育智　刘　冶
出版发行 河海大学出版社
地　　址 南京市西康路 1 号(邮编:210098)
电　　话 (025)83737852(总编室)　(025)83722833(营销部)
经　　销 江苏省新华发行集团有限公司
排　　版 南京布克文化发展有限公司
印　　刷 苏州市古得堡数码印刷有限公司
开　　本 787 毫米×1092 毫米　1/16
印　　张 10
字　　数 215 千字
版　　次 2022 年 10 月第 1 版
印　　次 2022 年 10 月第 1 次印刷
定　　价 82.00 元

前言

降水是水分和能量循环的重要驱动因素，具有时空非连续性与差异性，是较难准确获取的气象变量。准确可靠的降水数据不仅是研究降水时空变化规律的关键，也是提高水文模拟精度的重要输入条件参数，对区域灾害监测、防洪减灾和水资源管理有着至关重要的作用。

定量估计降水空间分布是水文气象研究领域的热点问题之一。长期以来，估计降水空间分布的途径是基于地面雨量站点的观测数据，其特点是测量点处精确度高且空间插值方法多样，然而地面站点观测的降水仅能反映离散点降水信息，且空间分布不均，受地形、环境、技术等因素的影响较大。随着科技的发展，基于卫星遥感观测降水成为第二种途径，其覆盖面积广、时空分辨率高以及能够实现全球尺度降水观测的特点弥补了地面站点观测的短板，但是卫星降水产品精度差异大，适用性有待验证。

本书在从理论、技术、实践等多重视角，研究降水空间插值方法、分析多种卫星遥感降水信息精度与适用性的基础上，重点开展卫星降水数据与地面站网信息的融合方法研究，并将不同降水数据应用于流域水文模拟应用中，以期提高流域水文模拟精度。本书主要包括六章，第一章为降水空间估计研究现状，对降水空间估计相关基础研究进行总结分析，由王会容、柳鹏编写；第二章和第三章分别对地面站点降水插值方法研究和主流卫星降水产品的适用性进行了分析与探讨，由李伟、王会容编写；第四章对多源降水融合方法的理论与实践进行了系统深入的研究，由陈韬、闻雪之编写；第五章属于多源降水的水文应用，由陈韬、林锦编写；第六章结语，总结了研究成果并展望了多源降水融合的研究思路与方向，由陈韬、任立良编写。全书由陈韬统稿，任立良、林锦审定。

具体来看，第一章降水空间估计的研究现状，分析了降水空间分布估计的研究进展、主要内容以及存在的问题。第二章基于地面雨量站插值的降水空间估计，阐述了传统基于回归理论的降水插值方法存在的问题，研究提出了主成分回归降水插值方法的基本原理、实施步骤。第三章多卫星降水产品的精度评估，深入辨识了主流卫星降水产品在不同气候特征流域的适用性。第四章卫星降水产品与地面观测数据的融合研究，基于第三章对遥感降雨观测的优势与不确定性的研究结果，提出了基于主成分回归的卫星-站点融合模型，分别在不同时间尺度分析降水空间估计效果，阐明其在误差降低方面的增益。第五章多源降水信息在流域水文模拟中的应用，进一步探讨了卫星降水产品与降水融合数据作为水文模型输入来模拟历史月、日、洪水事件中的水文效用。第六章总结与展望，归纳总结了研究成果与创新之处，展望了未来多源降水数据融合方法的研究思路以及其在水文水资源研究中的应用等方面的问题。

本书围绕着地面降水插值方法改进、多源降水观测适用性评价、降水数据融合技术开发、多源降水的水文效用评估等一系列问题进行深入探索研究，对于提高洪涝灾害的模拟、监测与管理水平及促进社会经济发展等关键问题具有重要意义。

在本书写作过程中，参考了国内外专家的论著与研究成果，书中对引用部分做了标注，但仍恐有疏漏谬误之处，恳请包涵。由于作者水平有限，书中不当之处在所难免，敬请批评指正。

作者

2022 年 5 月

目录

第一章

降水空间估计研究现状

1.1 降水空间估计研究背景

降水是全球气候变化中的重要因子，既是水文变化过程的主要驱动源，同时也是大气过程的基本输出通量。降水受到诸如大气运动、海陆位置和下垫面状况等多种因素及其相互作用的影响，具有空间维度上的差异性与时间维度上的非连续性。宏观环流尺度上，降水有一定的地带性变化规律，然而在区域范围内又复杂多变，如某个时间点降水来得非常快但消退得也非常迅速，空间上“东边日出西边雨”的现象也很常见。因而作为流域水文系统的关键输入，其精度直接影响着地表径流、土壤含水量及地表蒸散量等水循环要素及水资源量的时空演变规律，极端强降水事件通常还会导致旱涝转换、泥石流、滑坡等自然灾害的发生[1]。我国地理环境独特，气候类型复杂，从干旱、半干旱、半湿润到湿润地区之间地形、地质、地貌差别较大，降水时空分布不均匀的特征十分突出，从东南沿海向西北内陆依次递减。我国绝大多数灾害性洪水由夏季的大强度降水造成，洪涝灾害极大地影响着人民生命财产安全和社会经济发展。因此，综合利用多源降水观测信息，准确获取降水的时空分布，对于人们发现全球区域水循环规律、开展综合水文规划、洪涝干旱灾害监测和预警、水资源规划管理及促进社会经济发展等关键问题具有重要意义。

定量估计降水空间分布是水文气象研究领域的热点问题之一。长期以来，地面布设的雨量站网是获取降水信息的主要途径。据记载，自公元 11 世纪初，朝鲜就设置了雨量观测台[2]。随着科学技术的发展，目前全世界大部分地区已逐步形成完善的地面降水观测网络，可以满足基础的降水空间分布研究需求。然而，地面雨量站网受陆地表面地形环境因素、经济因素、技术因素等影响，往往分布是不均匀的、稀疏的，仅能反映有限离散点的降水信息。目前，我国雨量站网密度约 1 站/500 km^2，东部平原经济发达、人口密集的地区，雨量站密度较高；而西北高原经济落后、人烟稀少的地区，雨量站网则十分稀疏。此外，通过离散的地面雨量站点降水数据观测结果来代表几十甚至几百平方千米范围的降水空间分布情况往往与实际情况不符，因为实际降水在不同时间和空间尺度上均具有显著变异性，由此造成的降水分布规律误差成为水文模拟中重要的不确定性来源[3]。为弥补上述地面降水观测方式的不足，近 50 年来，国内外相继开展以天气雷达和空间气象卫星为代表的遥感技术研究，为人类获取全球尺度降水空间分布的途径提供了可能，极大地推动了降水定量估计技术的发展。天气雷达与气象卫星能够探测到降水的连续空间动态变化与分布的能力，更好地反映真实降雨的空间分布，有效弥补了传统雨量站网的不足。如今已发展成为利用地面雨量站网、气象雷达和气象卫星等多种测量工具综合起来的气象监测网。天气雷达由于能够通过连续的跟踪观测，并根据其测定的回波资料迅速、准确地估计出降水区的位置、范围、强度、性质以及它们随时间的变化情况，在中小尺度降水监测中具有较强的优势，成为气象部门用于掌握降水动态和提供降水预报的主要工具。然而,作为基于地面的观测技术,天气雷达仍然面临和雨量站网类似的空间局限性问题,尤其是在偏远、不发达地区。空间气象卫星利用星载的可见光、红外和微波传感器对云层进行大范围探测,具有覆盖范围广、不受地域条件的影响、持续观测时间长及全天候观测等诸多优点,能够解决广大降水缺测地区的地面降水资料不足的问题,满足大尺度实时流域水文模拟、洪涝灾害监测预警等领域的需求,是获得全球降水观测的唯一可行手段[4-7]。随着遥感技术的进步,各种卫星测雨数据及产品得到不断完善,已经形成相对完整的对地气象观测网络。

然而,由于目前卫星降水技术受到传感器性能、云层特性、反演算法等局限,存在着不可忽视的定量误差问题[5,8]。同时不同卫星降水产品质量参差不齐,降水数据的性能在不同区域有差异,因此将卫星数据进一步应用到水文相关工作之前需要特定分析各种卫星降水产品的适用性。鉴于上述问题,在日益丰富的多源降水观测数据的大数据时代背景下,开展信息挖掘、超高分辨率陆面过程模式开发与水文系统结构识别等重大科学问题的研究是必然趋势。"数据融合"的概念从军事领域诞生以来,慢慢开始渗透到地球科学领域,融合多平台降水信息的理念首先是在 20 世纪 70 年代由水文学者引入的,用于联合雨量站点-雷达定量估计降水[9-13]。地面雨量站网、天气雷达、空间卫星等不同来源的降雨观测数据虽面向同一观测对象,但是各自误差特征与观测尺度不同。地面雨量站网提供精确的点降水信息,但其空间估计能力不足;卫星遥测能够获取连续不间断的面降水空间信息,但需要地面站点处降水数据校正以提高产品的精度。因此,利用多源观测信息,通过优势互补、合理匹配来获取降水空间分布是解决水文研究中普遍面临的时空变异过程与观测-模拟不确定性问题的潜在有效途径。目前,多源降水信息融合研究已取得许多重要进展,但由于降水时空变化剧烈,对于多源降水融合的理论与方法仍是一个开放性研究课题。此外,大多数研究都集中在对单个卫星降水产品的融合方法研究上,而不同卫星产品对融合方法的响应效果研究较少,有待进一步的发展与完善。

赣江是鄱阳湖最大的子流域,也是全国降水最集中的地区之一,赣江上游区山洪等灾害频发。黄河源区生态环境脆弱,具有独特的水文系统和天然冻土环境[14],流域内雨量站网十分稀疏。本书选取气候特征差异显著的赣江上游区和黄河源区,首先开展传统降水空间插值技术研究,随后对多卫星降水产品在不同区域的适用性进行评估,接着开展多源降水感测信息的融合及其水文应用研究。本书旨在综合利用多源降水信息提升降水空间分布估计能力,对流域水资源开发与利用、认知缺资料地区降水时空分布、改进流域防洪抗旱预测精度等问题提供方法上的借鉴。

1.2 国内外降水空间估计研究现状

1.2.1 传统降水空间估计

空间降水信息对一个流域的水资源分析、水文预报甚至旱涝灾害的预测都具有至关重要的意义。无论是需要降水数据作为输入的分布式水文模型，还是需要降水数据驱动的统计类模型，高精度的降水信息对于预报模型精度的提高都有着十分重要的作用。然而，由于降水的空间变异特征复杂，精准的测量空间降水信息仍然难以实现，因此，国内外许多学者对"降水空间插值"方法做了研究，即基于雨量站网等实测信息来进行降水空间估计的方法。

降水空间插值方法有很多种，较为常见的有两大类[15]。第一类是基于实测降水数据的估计方法：泰森多边形法[16]、反距离加权法[17]、反距离方向加权法以及普通克里金法[18]等；第二类是基于实测降水数据以及地理信息(空间位置、地形等)的估计方法：泛克里金法、协克里金法[19]、PRISM 法[20]以及样条函数法[21]等。

第一类方法较为传统，其简便易行的特点使其仍然较多的应用于生产实际中。覃建明等[22]在流溪河模型洪水预报降雨估算过程中，利用泰森多边形法估算单元网格面雨量，取得了较好的预报效果。刘金涛等[23]利用普通克里金法与泰森多边形法等建立了黄河故县以上集水区域降水插值模型。秦伟良等[24]利用普通克里金法和反距离加权法对江苏省扬州市的降雨量进行插值。在 Piazza 等[25]的研究中也表明，尽管有很多更加复杂的插值方法效果很好，反距离加权法仍然占据月和年降水量插值方法中的主流舞台。然而，利用实测降水数据来进行空间降水分布的估计，对站网密度的要求比较高，当站点较少时，插值结果往往不能满足一定的精度要求[26]。因此，第二类方法也就是同时利用空间、地形等影响因素的插值方法成为国内外水文学者的研究热点。Goovaerts[27]在研究中发现，带外部漂移的普通克里金法[28]、协克里金法在葡萄牙 5 000 平方千米 36 个气候站的降雨插值中优于泰森多边形和反距离平方法。石朋等[29]在沿渡河流域降雨量插值的计算中表明，协克里金法明显优于反距离平方法和普通克里金法。

不过，对于不同的研究区域，不同的插值方法的精度也不尽相同[30]，因此不能一概而论地得出哪一种插值方法最好，而是需要根据实际情况选择适合的插值方法。例如，梁天刚等[31]比较了 9 种算法的计算结果，认为综合算法的计算精度最高，其次是普通克里金法。Fang 等[32]发现，在甘肃省，利用普通克里金法进行降雨插值，结果优于反距离加权法、样条函数法和趋势法。朱芮芮等[33]在无定河流域，采用反距离加权法、普通克里金法和泛克里金法等对降水量进行插值研究发现，普通克里金法和反距离加权法反倒优于泛克里金法等其他方法。Kurtzman 等[34]发现，对于地中海东部的丘陵地区，反距离加权法的指数选择比是否考虑高程的影响更为重要。

1.2.2 卫星遥感降水空间估计与适用性评价

随着近几十年来空间卫星遥感降水观测技术的蓬勃发展，各国先后研发出一系列全球卫星降水观测产品，已具有覆盖范围广、观测时间连续、时空分辨率高等优势，成为实时降雨监测及灾害预警的重要手段[35]，同时也为缺资料地区的水文研究提供了十分有用的观测信息[36]。目前，卫星降水主要使用红外(VIS/IR)、被动微波(PMW)和主动微波(AMW)传感器。红外传感器搭载于地球同步卫星,可提供较高的分辨率及较广的空间覆盖范围,但由于其间接地连接云顶温度与地面降雨,故而有较强的不确定性[37]。中国第一代气象卫星风云 2 号(FY-2)、美国 GOESE/W、日本 MTSAT 等卫星均搭载红外传感器。被动微波传感器搭载在近地轨道(LEO)卫星上,与大气中的降水粒子建立直接物理联系,因此直接有效且精度也有所提升;但其轨道带宽很小,空间覆盖与时间分辨率有限。而主动微波遥感技术即星载雷达具有良好的距离分辨率。1997 年,美国发射了世界上第一颗搭载有降水雷达(Precipitation Radar,PR)的热带降雨观测卫星 (Tropical Rainfall Measurement Mission,TRMM),开启了利用主动遥感反演降水的时代[38]。但是,被动与主动微波遥感的重访周期均较长。由于单一传感器或单一的遥感通道只能提供较低时空分辨率、部分覆盖范围的观测结果,因此基于各种传感器在卫星估测降水方面的优势与不足,目前主流的卫星遥感降水产品是将地球同步轨道卫星的可见光/红外数据和近地轨道卫星的微波数据相结合[39, 40],以得到更加接近真实降水空间分布的信息。此类全球卫星降水产品具有分辨率高、覆盖范围广等特点。常见的全球主流卫星降水产品及信息总结见表 1.1。

表 1.1　常见的全球主流卫星降水产品及信息总结

产品名称	机构/国家	时空分辨率	时空范围	参考文献
CHIRPS	USGS/USA	1 d/0.05°	1981 年至今,50°N～50°S	Funk 等[41]
PERSIANN-CDR	NOAA/USA	1 d/0.25°	1983 年至今,60°N～60°S	Ashouri 等[42]
TMPA	NASA/USA	3 h/0.25°	1998 年至今,60°N～60°S	Huffman 等[43]
CMORPH	NOAA CPC/USA	3 h/0.25°或 30 min/8 km	1998 年至今,60°N～60°S	Joyce 等[44]
GSMaP	JAXA/Japan	1 h/0.1°	1998 年至今,60°N～60°S	Kubota 等[45]
IMERG	NASA/USA	30 min/0.1°	2014 年至今,60°N～60°S	Prakash 等[46]

注:表中 d 表示天,h 表示小时,min 表示分钟。

由于样本选择、算法误差及卫星观测量与降水量之间的物理关系式很难被恰当选取,卫星反演降水仍然有很多不确定性。国际降水研究小组(International Precipitation Working Group,IPWG)于 2007 年起开展了高分辨率降雨产品评估验证项目(Program to Evaluate High Resolution Precipitation Products, PEHRPP),旨在评价各卫星降水产品在不同区域的精度,方便应用[47]。自此国内外卫星降水数据精度评估也逐步活跃。Tian 等[48]评估了自 2003 年至 2006 年以来 TRMM 和 CMORPH 卫星数据在美国的多时间尺度降水精度,结果表明,在年或季节尺度上,TRMM 3B42 与

CMORPH 相比，前者具有更小的偏差和均方根误差。在较短的时间尺度（5 天或更短）上，CMORPH 的不确定性更小。Yuan 等[49]在缅甸北部 Chindwin 流域评估了 6 种最新的 GPM 数据以及 2 种 TRMM 数据，在网格及流域尺度的统计结果表明，3B42RT 相对表现出更高的质量，其次是 IMERG - F 和 3B42V7。IMERG - E、IMERG - L、GSMaP - NRT、GSMaP - MVK、GSMaP - GAUGE 在很大程度上低估了总降水量，3 种GSMaP卫星降水产品的精度最低。Hripa 等[50]指出，在埃塞俄比亚东北部的阿瓦什河流域，TMPA 3B42RT 和 CMORPH 降水产品性能相似，而 PERSIANN 在高海拔地区存在明显的低估现象。Tang 等[5]将 IMERG 与其上一代产品 TMPA 3B42V7 进行对比，结果表明，在中国大陆地区 IMERG 在中高纬度和相对干燥的气候区的表现尤其优于 TMPA 3B42V7，但在干旱气候和高纬度地区两种卫星产品精度均有待进一步提高。Shen 等[51]通过全国 2 000 多个气象站点逐小时降水数据插值至 0.25°网格来检验 6 种卫星降水的精度，发现卫星产品的性能因不同地区和不同降水情况而异，在潮湿地区和温暖季节能观察到更好的比较统计数据。Jiang 等[7]和 Yong 等[52]均在老哈河流域比较了 TMPA 3B42V6、3B42RT 和 CMORPH 的数据，结论均指出，3B42V6 与地面观测结果的对应性最好。而 TMPA 3B42RT 和 CMORPH 有较大的误差，水文效用很低，需要对卫星降水反演算法或可行的偏差调整方法进行新的改进。Romilly 等[53]和郭瑞芳等[54]人总结了现有相关研究的结论，表明不同类型的数据具有不同的精度和性能。特定卫星数据的精度在不同季节和不同地区也可能会有很大的差异，因此，卫星降水产品的精度不高问题是水文预报研究的主要难点。

1.2.3 卫星遥感数据与雨量站网观测的降水融合

多源数据融合的基本原理是通过对多个信息资源及其观测数据的合理支配，将各种信息源依据某种优化准则组合起来，产生对观测环境的一致性解释和描述[55]。将空间连续但局部精度较低的卫星降水数据与站点精确但空间离散的地面站点观测数据相结合，以获取高质量、高时空分辨率降水数据就是基于多源数据融合这一概念而来的。随着降雨观测数据来源的日益丰富，围绕地面雨量站网-卫星反演降水融合的相关研究也日益活跃，国内外相继开展这一系列的研究[56-60]。目前，地面站网与卫星降水融合方法大致分为全局校正与局部校正。全局校正的特点是简单且效率高，适合于降水空间分布变化不大的流域，然而降水受下垫面条件、降水类型等诸多因素的影响往往是非平稳的，因此大多数研究采用局部校正方法。表 1.2 列出了全局校正和局部校正包括的常用融合算法的基本原理及特点。值得注意的是，尽管卫星降水数据融合算法多样，但其基本思想都是通过卫星降水的空间连续性构建降水背景场，然后通过地面站点观测降水修正对应的背景场数据，最终得到的估计场数据代表真实的降水分布。

表 1.2 常用融合算法的基本原理及特点

方法		基本原理	参考文献
全局校正	平均偏差修正方法	假设卫星降水在空间域上具有相同的偏差，利用地面站网降水与卫星降水的总体偏差修正每个格网	Gjertsen 等[61]
	线性回归模型	根据最小二乘法对地面站网观测降水与对应的卫星估计的降水量进行线性回归分析，应用回归方程对流域内所有格网点卫星降水量进行校正	赵志轩等[62]；Almazroui[63]
局部校正	客观分析	主观确定权重与半径，通过地面站网对卫星降水背景场进行逐步修正	Barnes[64]；Luo 等[65]
	概率密度匹配-最优插值法	用概率密度匹配对卫星降水系统误差进行校准，而后用最优插值法与地面站网观测值进行融合	Shen 等[66]；Xie 等[67]
	地理加权回归	基于核回归和局部光滑思想定量描述降水背景场残差的非平稳性关系	胡庆芳[15]
	多尺度分析法	建立不同尺度降雨观测之间的随机方程估计	Gorenburg 等[68]；Gupta 等[69]

为了获取合理的降水空间分布，越来越多的研究人员尝试用不同的方法将地面雨量站网观测与卫星降水数据进行融合。赵志轩等[62]建立了地面站网降水与 TMPA PR 卫星降水数据间的线性回归模型，结果表明，利用该方法对卫星数据进行修正可有效改善模型的降水输入，从而取得较好的入湖径流预报结果。Boushaki 等[70]采用客观分析法对 PERSIANN 与 CPC 地面站网数据进行融合，得到了美国东南部 4 km×4 km 逐小时降水信息，并验证了所提方法的可行性。Stisen 等[71]在非洲塞内加尔河流域进行的实验表明，即使仅使用少数地表雨量计数据来校正卫星降水数据，地表径流模拟的准确性也得到了显著提高。Vila 等[72]基于加性和乘性偏差校正方案的组合，以获得南美大陆 TMPA 3B42RT 数据与地面观测值相比的最小偏差，发现提出的融合方案相比单独的加法和乘法融合方案能最小化降水估计误差。潘旸等[73]尝试将贝叶斯融合方法应用于江淮地区 1 小时—0.05°×0.05°的雷达、卫星与地面站点观测降水 3 种资料的融合，并且取得了满意的结果，该方法生成的融合产品的精度均优于任何单一来源的降水产品。融合多源降水的重点难点在于提取出不同源降水的有效信息。此外，不同种卫星降水对融合方法的作用效果对比研究较少。因此，多源降水融合在区域水文分析、生态环境模拟和自然灾害预警中的应用需要进一步深入研究。

1.2.4 卫星遥感降水与融合降水数据的水文应用

卫星降水产品在水文研究中有大量应用，包括各尺度的水文模拟、洪水时间探测与预警、水资源管理等方面[35, 74]。Yuan 等[75]利用 TRMM 和 IMERG 数据作为输入，通过新安江水文模型对在黄河源区的适用性进行研究，总的来说，IMERG 和 TMPA 3B43V7 卫星降水产品可以作为黄河源区日及小时尺度水文模拟的可靠降水源，并且 IMERG 比 TMPA 3B42V7 更适合。Li 等[76]通过长江流域的分布式水文模型(GBHM)评估了 CMORPH、TMPA 3B42V7 及 TMPA 3B42RT 卫星降水产品在长江流域的精度，研究表明，TMPA 3B42V7 数据在年际水量平衡和月径流模拟方面具有较好的性能，近实时降水产品 TMPA 3B42RT 和 CMORPH 在径流模拟方面则存在着明显的区域性偏差。此外，所有卫星产品都无法捕捉 2012 年 7 月特大洪水的一些关键特征，这将限制它们在当地洪水监测中的水文效用。Tong 等[77]和 Meng 等[78]分别通过分布式水文模拟，检验了卫星降水产品在长江源区和黄河源区的适用性，结果表明，无论在高原尺度还是流域尺度上，TMPA 3B42V7 和 CMORPH 的表现均优于 TMPA 3B42RT 和 PERSIANN，并且 CMORPH 在该地区的水文应用潜力十分巨大；在黄河源区采用 TMPA 降水驱动的日流量模拟结果往往不能达到满意的效果，但是在月尺度上表现良好，因而 TMPA 产品在黄河源区更适合于长期水文预报。Zubieta 等[79]指出，IMERG - F V03 在模拟秘鲁、厄瓜多尔的亚马孙盆地南部地区的日径流方面与 TMPA 3B42V7 和 TMPA 3B42RT 一样有用，但 3 个卫星降水产品都不能正确模拟北部地区的径流。Shah 等[80]分析了印度次大陆流域上 5 种卫星降水产品的不确定性和偏差，并强调卫星降水产品的偏差影响初始条件和降水强迫，从而影响洪峰时间和大小。

然而，在进行基于卫星降水产品在水文水资源等领域的应用时，往往存在偏差、误报率较大等缺点，难以令人满意。Behrangi 等[81]基于 5 种卫星降水产品作为月尺度流量模拟强迫数据，通过萨克拉门托模型(SACramento Soil Moisture Accounting, SAC - SMA)对美国伊利诺伊州中尺度流域进行径流模拟。结果表明，开展卫星降水偏差调整技术对水文应用很重要。因此，融合卫星降水与地面观测数据，准确地提高降水空间分布，对开展流域水文模拟、洪涝灾害预警等有着重要意义。Nerini 等[82]使用了两种非参数降水融合方法(均值偏差校正和双核平滑)与两种地统计学方法(带外部漂移的克里金法和贝叶斯组合)在热带安第斯流域融合 TRMM 卫星产品与地面 173 个雨量站点数据，采用交叉检验和水文模拟对融合降水进行精度评估。结果表明，双核平滑方法较原始卫星产品在交叉验证与水文评估方面有最一致的改进。Chiang 等[83]采用递归神经网络(RNN)方法将规范观测和卫星降水产品相结合，以提高洪水预报的精度。Li 等[84]使用非参数核平滑方法将卫星降雨量估计和雨量计观测相结合，以提高区域降雨量估计的精度。Jiang 等[85]将 TMPA 3B42V6、TMPA 3B42RT 和 CMORPH 产品应用于湘江洣水河流域日径流的模拟，结果表明，近实时数据 TMPA 3B42RT 和 CMORPH 均大大低估了降雨，通过贝叶斯模型平均方法对 3 种卫星降水数据的径流模拟结果进行加权平均可以有效地减少由卫星降雨产物驱动的水文模拟误差，间接说明卫星降水数据的误差可能具有一定的互补性。随着新一代 GPM 数据的问世，已有学者开展对降雨径流模拟中融合 GPM 降水数据与地面站点观测方法的评价。Bui

等[86]探究了高分辨卫星降水产品 GSMaP_MVK 与地面雨量站结合的有效性，以分析定量降雨估算及模拟的有效性。结果表明，融合卫星-地面降水结果具有良好的精度和出色的径流模拟能力。

1.3 多源降水观测与融合及其应用存在的问题

随着近几十年来科学技术的发展，基于地面雨量站网观测与基于卫星降水产品是两种常用的估计空间降水分布的有效途径。基于地面雨量观测站点估计降水分布的特点是测量点处精确度高并且空间插值方法多样，但仅能反映离散点处的降水信息并且站点空间分布不均。而基于卫星降水产品，具有覆盖面积广、时空分辨率高、实现全球尺度的降水观测等特点，劣势是精度差异大，适用性有待验证。综合上述内容，融合这两种方式的降水数据就是当前研究的主要方向。目前，围绕着地面降水插值方法改进、多源降水观测适用性评价以及降水数据融合技术等一系列关键性问题尚存在着不少值得探索之处。概括如下：第一，基于回归理论的降水空间插值方法存在的自变量间多重共线性问题与缺少宏观和微观地形因子；第二，卫星降水产品在高寒区与湿润区的气候类型流域的适用性与水文效用研究；第三，多源降水融合方法仍需进一步研究完善，融合方法能否识别出不同观测数据源的相对有效信息以及不同卫星降水产品对融合方法的响应效果有待更加综合全面的剖析；第四，融合结果数据作为输入在水文领域方面的应用需全面推进。具体讨论如下：

(1) 多元线性回归是用数学表达式来描述相关变量之间关系的一种常用的插值方法。但是在多变量分析中，采用最小二乘法拟合多元线性回归模型可能会导致自变量之间的多重共线性问题，使得计算出的回归系数的符号及其数值与理论不一致，影响结果准确度。此外，加入精细化地形因子，将宏观地形因子（地理位置、高程）与微观地形因子（坡度、坡向）等结合，探寻对构建定量降水估计模型精确度提升的效用。

(2) 卫星降水产品在不同地区的差异性已经得到广泛的关注，但目前大多数研究仅为针对多种卫星产品在某一流域的适用性研究，比较得出精度高的产品进而为水文模拟等方面提供前期决策。而对于不同卫星降水产品在高寒区流域与湿润区流域的适用性评估及日、时尺度的水文效用分析研究相对缺乏。黄河源区作为黄河的“水塔”位于高寒区气候特征区，年径流量占整个流域径流量的 35%[87]，现阶段卫星降水在此流域的水文评估较少。因此，将高寒区的黄河源区与湿润区的赣江上游区作为典型流域代表，定量分析各种卫星降水产品的效果，进而开展水文模拟，对流域洪涝灾害预报预警等具有重要的意义。

(3) 近几十年来，诸多最新的数学成果被引入水文气象数据融合领域。综合地面雨量站网和卫星产品降水各自的特点，通过优势互补、合理匹配来获取高质量的降水空间分布是解决水文研究中面临的时空变异过程与观测-模拟不确定性问题的重要手段。但目前融合方法的有效性还缺乏深层的研究，融合方法能否识别出不同观测数据源的相对有效信息需要分析和认识。同时，可以确定的是大部分融合卫星降水产品与地面雨量站点的结果相对于原始的卫星遥感反演降水数据均有大幅度的提高，然而融合结果精度能否高于地面观测雨量站点数据，以及作为输入进行水文模拟的对比模拟径流精度的研究为数不多[88]。另外一个问题是不同卫星降水产品对融合方法的响应效果评估。多数研究致力于对某种卫星降水产品与地面站点采取某种融合方法的空间降水分布精度评估，或者是多种融合方法作用于某种卫星-地面降水效果的对比。而对于不同气候特征流域，不同卫星降水产品对某种特定融合方法的响应研究非常少。因而开展融合方法的适用性研究很有必要。

(4) 随着融合卫星降水产品与地面站点观测降水方法的多样化与逐步完善，其在区域水文水资源分析、生态环境保护、自然灾害预警等方面理应发挥巨大的应用价值。选取不同气候特征流域，开展在年、日、小时尺度的综合水文领域应用对于全面理解融合方法的效用也具有重要意义，提升各降水数据的有效性也需要通过径流模拟进一步检验。

第二章

基于地面雨量站插值的降水空间估计

2.1 本章引言

传统的基于地面雨量站(Gauge)估计降水空间分布的插值方法已得到较为全面的发展,几何方法诸如泰森多边形、反距离加权等计算方法开销少、普适性较强,但此类方法无法对误差进行理论估计;空间统计方法包括克里金内插、协克里金等结合雨量站观测与经纬度等地理信息估计降水空间分布,但其变异函数人为影响较大。基于统计理论的多元线性回归法可以利用气象站点的地理坐标和高程数据等建立回归模型。然而,当使用多个变量构造降水的多元线性回归模型时,变量之间可能存在多重共线性问题[88],导致求出的回归系数的符号及其数值与理论不一致,影响插值结果精度。主成分回归(Principal Component Regression, PCR)是 Massy[90] 于 1965 年根据主成分分析的思想提出的,通过线性变换,将原来的多个指标组合成相互独立的少数几个能充分反映总体信息的指标,从而在不丢掉重要信息的前提下避开变量间共线性问题。主成分回归在大坝变形建模、经济发展统计、工程项目成本计算、农林业植被评价等领域得到了很好的发展应用[91-94]。主成分回归较传统的多元线性回归更适合探究降水与自变量因子之间的关系。目前,将主成分回归理论应用于降水空间估计还并不多见,因此,本章在高寒区流域黄河源区与湿润区流域赣江上游区建立地面雨量站观测降水与宏观地形因子(地理位置、高程)及微观地形因子(坡度、坡向)的主成分回归插值模型,并与常用的反距离加权法和同样基于回归理论的多元线性回归进行对比,评价 3 种方法的降水空间估计效果。

2.2 主成分回归(PCR)

2.2.1 基本原理

主成分回归是一种改进线性模型参数估计性能的一种常用的方法,它可以解决设计矩阵的多重共线性所带来的困扰[95]。主成分分析是基于将众多具有一定相关性的变量组合成新的少数几个相互无关的综合变量,以替代原来的变量,且这些因素应尽可能多地保留原有自变量的信息,这些新的综合变量称为主成分[96],然后用最小二乘方法对所选取主成分后的模型参数进行估计,最后再转回原来的模型参数的估计。

设 X 是一个 n 个样本点和 p 个变量的随机向量,

$$X=(x_{ij})_{n\times p}=\begin{bmatrix} e_1^T \\ \cdot \\ \cdot \\ \cdot \\ e_n^T \end{bmatrix}=[x_1,x_2,\cdots,x_p] \tag{2-1}$$

样本点 $e_i = (x_{i1}, x_{i2}, \cdots, x_{ip})^T \in R^p$ ，$x_j = (x_{1j}, x_{2j}, \cdots, x_{nj})^T \in R^n$ 。

现求一个综合变量 G_1，G_1 是 $x_1, x_2, \cdots, x_p$ 的线性组合，即

$$G_1 = X a_1 \quad \|a_1\| = 1 \tag{2-2}$$

要求 G_1 的方差达到最大值即可使得 G_1 携带足够多的变异信息。因此，G_1 的方差为

$$Var(G_1) = \frac{1}{n}\|G_1\|^2 = \frac{1}{n} a_1^T X^T X a_1 = a_1^T V a_1 \tag{2-3}$$

其中，$V = \frac{1}{n} X^T X$ 是协方差矩阵。当 X 中的变量均是标准化变量时，V 即 X 的相关系数阵。求最优化

$$\overset{\max}{\|a_1\|} a_1^T V a_1 \tag{2-4}$$

采用拉格朗日算法求解，记 λ_1 是拉格朗日系数，令

$$L = a_1^T V a_1 - \lambda_1 (a_1^T a_1 - 1) \tag{2-5}$$

对 L 分别求出关于 a_1 和 λ_1 的偏导数且令其为 0，

$$\frac{\partial L}{\partial a_1} = 2V a_1 - 2\lambda_1 a_1 = 0 \tag{2-6}$$

$$\frac{\partial L}{\partial \lambda_1} = -(a_1^T a_1 - 1) = 0 \tag{2-7}$$

由式(2-6)可得

$$V a_1 = \lambda_1 a_1 \tag{2-8}$$

由此可见，a_1 是 V 的一个标准化特征向量，特征值是 λ_1，根据目标函数和式(2-7)及式(2-8)有

$$Var(G_1) = a_1^T V a_1 = a_1^T (\lambda_1 a_1) = \lambda_1 a_1^T a_1 = \lambda_1 \tag{2-9}$$

因此，所要求的 a_1 是矩阵 V 的最大特征值 λ_1 对应的标准化向量。其中，a_1 称为第一主轴，$G_1 = X a_1$ 被称为第一主成分。

接下来求第二主轴 a_2，a_2 与 a_1 标准正交，且仅次于第一主成分 G_1，第二主成分 $G_2 = X a_2$ 携带变异信息。G_2 的方差为

$$Var(G_2) = \frac{1}{n}\|G_2\|^2 = \frac{1}{n} a_2^T X^T X a_2 = a_2^T V a_2 \tag{2-10}$$

优化同第一主成分，即

$$\overset{\max}{\|a_2\|} a_2^T V a_2 \tag{2-11}$$

采用拉格朗日算法求解

$$L = a_2^T V a_2 - \lambda_2 (a_2^T a_2 - 1) \tag{2-12}$$

对 L 分别求出关于 a_2 和 λ_2 偏导数且令其为 0，有

$$Va_2 = \lambda_2 a_2 \qquad a_2^T a_2 = 1 \tag{2-13}$$

由此，a_2 是 V 的一个标准化特征向量，特征根是 λ_2，

$$\lambda_2 = a_2^T V a_2 = Var(G_2) \tag{2-14}$$

由于 $a_2^T a_1 = 0$，因此 λ_2 是矩阵 V 的第二大特征根，a_2 是对应 λ_2 的标准化特征向量。

以此类推，可求得 X 数据表的第 k 主轴 a_k，它是协方差矩阵 V 的第 k 个特征值 λ_k 对应的标准化特征向量。第 k 个主成分 G_k 为

$$G_k = Xa_k \tag{2-15}$$

通过

$$Var(G_k) = \frac{1}{n}\|G_k\|^2 = \frac{1}{n}a_k^T X^T X a_k = a_k^T V a_k = a_k^T(\lambda_k a_k) = \lambda_k \tag{2-16}$$

可得

$$Var(G_1) \geqslant Var(G_2) \geqslant \cdots \geqslant Var(G_k) \tag{2-17}$$

综上，用数据变异大小来反映数据的信息可知，第一个主成分 G_1 的信息量最大，G_2 次之，以此类推。若抽取了 m 个主成分则携带的信息总和为

$$\sum_{k=1}^{m} Var(G_k) = \sum_{k=1}^{m} \lambda_k \tag{2-18}$$

2.2.2 主成分回归方法步骤

对于 n 个降水观测数据，每个数据对应有 p 个变量 $x_1, x_2, \cdots, x_p$，第 k 个观测数据可表示为 $(x_{k1}, x_{k2}, \cdots, x_{kp})$，$Z_i (i = 1,2,\cdots,p)$ 上的载荷为 $a_{ij} (i = 1,2,\cdots,p; j = 1,2,\cdots,p)$。主成分回归的步骤分为以下五步。

（1）对自变量数据的标准化处理

由于实际问题应用中不同的变量常常具有不同的量纲，如果通过求和求主成分，方差大的变量会优先考虑，而变量量纲的不同会使得分析结果不合理，通过对变量的标准化处理可以避免此不合理情况的影响。

对变量的标准化首先得出样本标准差和样本均值，记 s_j 为 x_j 的样本标准差，即 $s_j = \sqrt{Var(x_j)}$，$\bar{x}_j$ 是 x_j 的样本均值，即 $\bar{x}_j = \frac{1}{n}\sum_{i=1}^{n} x_{ij}$，原始数据的标准化变换为 $X_{ij} = \frac{x_{ij} - \bar{x}_j}{s_j} (j = 1,2,\cdots,p)$，$X$ 是标准化后的数据矩阵

$$X = \begin{bmatrix} X_{11} & X_{12} & \cdots & X_{1p} \\ X_{12} & X_{22} & \cdots & X_{2p} \\ \vdots & \vdots & \vdots & \vdots \\ X_{n1} & X_{n2} & \cdots & X_{np} \end{bmatrix} = (X_1, X_2, \cdots, X_p) \tag{2-19}$$

(2) 指标之间的相关性判定

由于自变量 $X_1, X_2, \cdots, X_p$ 已进行标准化处理，因而此处的 X 的相关系数即 X 的协方差阵。

$$R = Cov(X) = \begin{bmatrix} r_{11} & r_{12} & \cdots & r_{1p} \\ r_{12} & r_{22} & \cdots & r_{2p} \\ \vdots & \vdots & \vdots & \vdots \\ r_{p1} & r_{p2} & \cdots & r_{pp} \end{bmatrix} = \begin{bmatrix} 1 & r_{12} & \cdots & r_{1p} \\ r_{21} & 1 & \cdots & r_{2p} \\ \vdots & \vdots & \vdots & \vdots \\ r_{p1} & r_{p2} & \cdots & 1 \end{bmatrix} \tag{2-20}$$

其中

$$r_{ij} = \frac{\sum_{k=1}^{n}(x_{ki} - \bar{x}_i)(x_{kj} - \bar{x}_j)}{\sqrt{\sum_{k=1}^{n}(x_{ki} - \bar{x}_i)^2 \sum_{k=1}^{n}(x_{kj} - \bar{x}_j)^2}} \tag{2-21}$$

R 为半正定矩阵。

(3) 指标之间的相关矩阵特征值及对应的特征向量

基于主成分回归的思想，第一主成分 Z_1 反映最多的原 p 个变量的信息，即 $Var(Z_1)$ 方差最大；第二主成分次之，且第二主成分与第一主成分线性无关，$Cov(Z_1, Z_2) = 0$，以此类推至最后一个主成分。

求第一主成分 $Z_1 = a_1'X$，即为求 $a_1 = (a_{11}, a_{21}, \cdots, a_{p1})'$，使得在条件 $a_1' a_1 = 1$ 下 $Var(Z_1)$ 达到最大值。用 Lagrange 乘子法求解。已知 $Var(Z_1) = Var(a_1'X) = a_1'R a_1$，$R$ 为 X 的相关系数阵，且

$$\begin{aligned} \varphi(a_1) &= Var(Z_1) - \lambda_1(a_1' a_1 - 1) = Var(a_1'X) - \lambda_1(a_1' a_1 - 1) \\ &= a_1'R a_1 - \lambda_1(a_1' a_1 - 1) \end{aligned} \tag{2-22}$$

$$\begin{cases} \dfrac{\partial \varphi}{\partial a_1} = 2(R - \lambda_1 I) a_1 = 0 \\ \dfrac{\partial \varphi}{\partial \lambda_1} = a_1' a_1 - 1 = 0 \end{cases} \tag{2-23}$$

由式(2-23)可得

$$\begin{cases} |R - \lambda_1 I| = 0 \\ a_1' a_1 = 1 \end{cases} \tag{2-24}$$

由式(2-24)可得

$$R a_1 = \lambda_1 a_1 \tag{2-25}$$

故 λ_1 为 R 的特征值，a_1 为 λ_1 对应的单位正交特征向量。此外

$$Var(Z_1) = Var(a_1'X) = a_1'R a_1 = a_1' \lambda_1 a_1 = \lambda_1 \tag{2-26}$$

可得，第一主成分的方差 $Var(Z_1)$ 达到最大值，为 R 的特征值的最大值 λ_1，而 $Z_1 = a_1'X$ 中的 $a_1 = (a_{11}, a_{21}, \cdots, a_{p1})'$，即为 λ_1 对应的正交特征向量。第二主成分方差 $Var(Z_2)$ 达到小于 $Var(Z_1)$ 的最大值，即为 R 的特征值 λ_2，并且 $\lambda_2 < \lambda_1$。

设 R 的特征值 $\lambda_1 \geqslant \lambda_2 \geqslant \cdots \geqslant \lambda_p \geqslant 0$，$a_1, a_2, \cdots, a_p$ 是对应单位正交特征向量，记 $A = (a_1, a_2, \cdots, a_p)$，满足 $AA' = I$，主成分 $Z = (Z_1, Z_2, \cdots, Z_p)'$，其中 $Z_i = a_i'X$ $(i = 1, 2, \cdots, p)$，由

$$Var(Z) = A'XX'A = A'RA = \Lambda \tag{2-27}$$

$$\Lambda = diag(\lambda_1, \lambda_2, \cdots, \lambda_p) \tag{2-28}$$

$$RA = A\Lambda \tag{2-29}$$

用矩阵形式表示：

$$\begin{bmatrix} r_{11} & r_{12} & \cdots & r_{1p} \\ r_{12} & r_{22} & \cdots & r_{2p} \\ \vdots & \vdots & \vdots & \vdots \\ r_{p1} & r_{p2} & \cdots & r_{pp} \end{bmatrix} \cdot \begin{bmatrix} a_{11} & a_{12} & \cdots & a_{1p} \\ a_{21} & a_{22} & \cdots & a_{2p} \\ \vdots & \vdots & \vdots & \vdots \\ a_{p1} & a_{p2} & \cdots & a_{pp} \end{bmatrix} = \begin{bmatrix} a_{11} & a_{12} & \cdots & a_{1p} \\ a_{21} & a_{22} & \cdots & a_{2p} \\ \vdots & \vdots & \vdots & \vdots \\ a_{p1} & a_{p2} & \cdots & a_{pp} \end{bmatrix} \cdot \begin{bmatrix} \lambda_1 & & & \\ & \lambda_2 & & \\ & & \ddots & \\ & & & \lambda_p \end{bmatrix} \tag{2-30}$$

变换后得

$$R = \begin{bmatrix} r_{11} & r_{12} & \cdots & r_{1p} \\ r_{12} & r_{22} & \cdots & r_{2p} \\ \vdots & \vdots & \vdots & \vdots \\ r_{p1} & r_{p2} & \cdots & r_{pp} \end{bmatrix} = \begin{bmatrix} a_{11} & a_{12} & \cdots & a_{1p} \\ a_{21} & a_{22} & \cdots & a_{2p} \\ \vdots & \vdots & \vdots & \vdots \\ a_{p1} & a_{p2} & \cdots & a_{pp} \end{bmatrix} \cdot \begin{bmatrix} \lambda_1 & & & \\ & \lambda_2 & & \\ & & \ddots & \\ & & & \lambda_p \end{bmatrix} \cdot \begin{bmatrix} a_{11} & a_{21} & \cdots & a_{p1} \\ a_{12} & a_{22} & \cdots & a_{p2} \\ \vdots & \vdots & \vdots & \vdots \\ a_{1p} & a_{2p} & \cdots & a_{pp} \end{bmatrix} \tag{2-31}$$

（4）确定主成分的表达式

主成分对模型的解释程度可以通过主成分贡献率表示。通过主成分回归可得到 p 个主成分，他们之间互相独立。由于 p 个主成分的方差呈递减趋势，包含的自变量信息也是递减的。所以主成分的方差越大，表示它反映自变量的信息越多，且第 i 个主成分的贡献率用 $\dfrac{\lambda_i}{\sum_{i=1}^{p} \lambda_i}$ 表示。

在实际问题研究中，一般不选取 p 个主成分，而是根据实际问题确定主成分的个数。一般确定主成分个数有两个准则：

一是以累计贡献率确定，前 m 个主成分累计贡献率为 $\dfrac{\sum_{i=1}^{m} \lambda_i}{\sum_{i=1}^{p} \lambda_i}$，通常当贡献率达到

70%～85%时，选取前 m 个主成分。

二是根据 p 个特征值大小，假设 $p-m$ 个特征值有 $\lambda_{m+1},\lambda_{m+2},\cdots,\lambda_p\approx 0$，这 $p-m$ 个特征值对应的主成分 $Z_{m+1},Z_{m+2},\cdots,Z_p$ 的贡献率小，可舍去 $p-m$ 个主成分，选取 m 个对应特征值偏大的主成分 $Z_1,Z_2,\cdots,Z_m$。

(5) 主成分与考察因变量的回归分析

对于 p 个主成分 $Z_1,Z_2,\cdots,Z_p$，按照模型需求及选取主成分前 m 个主成分 $Z_1,Z_2,\cdots,Z_m$，因此原始模型成了 Y 与 m 个新的变量间的回归问题。假设模型为

$$y_t=b_0+b_1Z_{t1}+b_2Z_{t2}+\cdots+b_mZ_{tm}+\varepsilon_t \qquad (t=1,2,\cdots,n) \tag{2-32}$$

$$E(\varepsilon_t)=0,\ Var(\varepsilon_t)=\sigma^2,\ Cov(\varepsilon_i,\varepsilon_j)=0 \quad (i\neq j) \tag{2-33}$$

记

$$C=\begin{bmatrix}1 & Z_{11} & Z_{12} & \cdots & Z_{1m}\\ 1 & Z_{21} & Z_{22} & \cdots & Z_{2m}\\ \vdots & \vdots & \vdots & \vdots & \vdots\\ 1 & Z_{n1} & Z_{n2} & \cdots & Z_{nm}\end{bmatrix} \tag{2-34}$$

$$Y=\begin{bmatrix}y_1\\ y_2\\ \vdots\\ y_n\end{bmatrix},\qquad B=\begin{bmatrix}b_1\\ b_2\\ \vdots\\ b_n\end{bmatrix},\qquad \varepsilon=\begin{bmatrix}\varepsilon_1\\ \varepsilon_2\\ \vdots\\ \varepsilon_n\end{bmatrix} \tag{2-35}$$

则回归模型的矩阵为

$$Y=CB+\varepsilon,\qquad \varepsilon\sim N_n(0,\sigma^2 I_n) \tag{2-36}$$

在模型中，参数 $B=\begin{bmatrix}b_1\\ b_2\\ \vdots\\ b_n\end{bmatrix}$ 的估计值 $\hat{B}=\begin{bmatrix}\hat{b}_1\\ \hat{b}_2\\ \vdots\\ \hat{b}_n\end{bmatrix}$ 通过最小二乘法得到，使得误差平方和 $Q\hat{B}$ 达到最小，即 $Q\hat{B}=\min Q(B)$，其中

$$Q(B)=\sum_{t=1}^{n}\varepsilon_t^2=\sum_{t=1}^{n}[y_t-(b_0+b_1Z_{t1}+\cdots+b_mZ_{tm})]^2=(Y-CB)'(Y-CB) \tag{2-37}$$

则 $\hat{B}=(C'C)^{-1}C'Y$ 是 B 的最小二乘估计。由此得 Y 与 $Z_1,Z_2,\cdots,Z_m$ 的线性回归方程。又因

$$\begin{cases} Z_1 = a'_1X = a_{11}X_1 + a_{21}X_2 + \cdots + a_{p1}X_p \\ Z_2 = a'_2X = a_{12}X_1 + a_{22}X_2 + \cdots + a_{p2}X_p \\ \cdots\cdots \\ Z_p = a'_pX = a_{1p}X_1 + a_{2p}X_2 + \cdots + a_{pp}X_p \end{cases} \tag{2-38}$$

$$X = \begin{bmatrix} X_{11} & X_{12} & \cdots & X_{1p} \\ X_{21} & X_{22} & \cdots & X_{2p} \\ \vdots & \vdots & \vdots & \vdots \\ X_{n1} & X_{n2} & \cdots & X_{np} \end{bmatrix} = (X_1, X_2, \cdots X_p),\ X_{ij} = \frac{X_{ij} - \bar{x}_j}{s_j} \tag{2-39}$$

将前 m 个主成分 $Z_1, Z_2, \cdots, Z_m$ 与 $X_1, X_2, \cdots X_p$ 之间的关系带入 $Y = CB + \varepsilon$ 则可得出 y 与自变量 $x_1, x_2, \cdots, x_p$ 的线性回归方程。

2.3 反距离加权法(IDW)

反距离加权法(Inverse Distance Weighted, IDW) 是一种基于相近相似原理的常用的空间内插方法之一,是最为广泛使用的一种空间插值方法[97]。其原理是对采样点进行线性的加权来决定输出的栅格值,加权与距离成反比,输入点离输出栅格越远,对输出栅格的影响越小,因而易受极值的影响。反距离加权的公式如下:

$$Z(S_0) = \sum_{i=1}^{N} \lambda_i Z(S_i) \tag{2-40}$$

其中,$Z(S_0)$ 表示 S_0 处的插值结果;$Z(S_i)$ 表示点 S_i 处的观测值;N 是观测点数;λ_i 为权重。权重 λ_i 的计算如下:

$$\lambda_i = \frac{d_{i0}^{-p}}{\sum_{i=1}^{N} d_{i0}^{-p}},\quad \sum_{i=1}^{N} \lambda_i = 1 \tag{2-41}$$

其中,p 是幂;d_{i0} 是目标与观测值之间的距离。样点在预测点值的计算过程中所占权重的大小受参数 p 的影响;也就是说,随着采样点与预测值之间距离的增加,标准样点对预测点影响的权重按指数规律减少。p 越大,在节点处函数曲面越平坦;p 越小,在节点处函数曲面越尖锐。通常情况下,p 取值为 2。反距离加权的优点是公式简单,适用于结点散乱的问题。它的缺点是只能在节点上取到函数的最大最小值。

2.4 多元线性回归(MLR)

多元线性回归(Multiple Linear Regression,MLR)模型就是通过多个自变量的线性回归模型来解释因变量与其他自变量之间的线性关系[98]。多元回归分析预测法是通过一组预测变量与一个因变量的相关分析以进行预测的方法，从而为管理者提供决策支持的理论依据。

设某一变量 y 受 n 个自变量 $x_1, x_2, \cdots, x_k$ 的影响，其 n 组观测值为 $y_i, x_{1i}, x_{2i}, \cdots, x_{ki}$，$i = 1, 2, \cdots, n$。多元线性回归模型的数学表达式为

$$\hat{y}_i = \beta_0 + \beta_0 x_{1i} + \beta_1 x_{2i} + \cdots + \beta_k x_{ki} + \varepsilon_i \tag{2-42}$$

式中，$\beta_0, \beta_1, \beta_2, \cdots, \beta_k$ 是未知参数；ε_i 是误差，称为随机变量。若 $a, b_1, b_2, \cdots, b_k$ 为 $\beta_0, \beta_1, \beta_2, \cdots, \beta_k$ 的拟合值，则回归模型为

$$y = a + b_1 x_1 + b_2 x_2 + \cdots + b_k x_k \tag{2-43}$$

其中，a 称为回归常数；$b_1, b_2, \cdots, b_k$ 为偏回归系数。偏回归系数 $b_i (i = 1, 2, \cdots, k)$ 表示当其他自变量 $x_j (j \neq i)$ 都固定时，自变量 x_j 每变化一个单位而使因变量 y 平均变化的数值。求解 a 与 b 的值通常采用最小二乘法估计。即

$$Q = \sum_{t=1}^{n} (y_t - \hat{y}_t)^2 = \sum_{t=1}^{n} [y_t - (b_0 + b_1 x_{1t} + b_2 x_{2t} + \cdots + b_k x_{kt})] \tag{2-44}$$

令 b_0 和 b_i 的偏导数为 0，得

$$\begin{cases} \dfrac{\partial Q}{\partial b_0} = -2 \sum\limits_{t=1}^{n} (y_t - \hat{y}_t) = 0 \\ \dfrac{\partial Q}{\partial b_j} = -2 \sum\limits_{t=1}^{n} (y_t - \hat{y}_t) x_{jt} = 0 \qquad (j = 1, 2, \cdots, k) \end{cases} \tag{2-45}$$

经展开后得到如下方程式：

$$\begin{cases} n b_0 + (\sum\limits_{t=1}^{n} x_{1t}) b_1 + (\sum\limits_{t=1}^{n} x_{2t}) b_2 + \cdots + (\sum\limits_{t=1}^{n} x_{kt}) b_k = \sum\limits_{t=1}^{n} y_t \\ (\sum\limits_{t=1}^{n} x_{1t}) b_0 + (\sum\limits_{t=1}^{n} x_{1t}^2) b_1 + (\sum\limits_{t=1}^{n} x_{1t} x_{2t}) b_2 + \cdots + (\sum\limits_{t=1}^{n} x_{1t} x_{kt}) b_k = \sum\limits_{t=1}^{n} x_{1t} y_t \\ (\sum\limits_{t=1}^{n} x_{2t}) b_0 + (\sum\limits_{t=1}^{n} x_{1t} x_{2t}) b_1 + (\sum\limits_{t=1}^{n} x_{2t}^2) b_2 + \cdots + (\sum\limits_{t=1}^{n} x_{2t} x_{kt}) b_k = \sum\limits_{t=1}^{n} x_{2t} y_t \\ \cdots\cdots \\ (\sum\limits_{t=1}^{n} x_{kt}) b_0 + (\sum\limits_{t=1}^{n} x_{1t} x_{kt}) b_1 + (\sum\limits_{t=1}^{n} x_{2t} x_{kt}) b_2 + \cdots + (\sum\limits_{t=1}^{n} x^2_{kt}) b_k = \sum\limits_{t=1}^{n} x_{kt} y_t \end{cases} \tag{2-46}$$

引入矩阵简化表达式：

$$Y = \begin{bmatrix} y_1 \\ y_2 \\ \vdots \\ y_n \end{bmatrix}, B = \begin{bmatrix} b_1 \\ b_2 \\ \vdots \\ b_n \end{bmatrix}, \varepsilon = \begin{bmatrix} \varepsilon_1 \\ \varepsilon_2 \\ \vdots \\ \varepsilon_n \end{bmatrix}, X = \begin{bmatrix} 1 & X_{11} & X_{21} & \cdots & X_{k1} \\ 1 & X_{21} & X_{22} & \cdots & X_{k2} \\ \vdots & \vdots & \vdots & \vdots & \vdots \\ 1 & X_{1n} & X_{2n} & \cdots & X_{kn} \end{bmatrix},$$

$$A = X^T X = \begin{bmatrix} 1 & 1 & \cdots & 1 \\ X_{11} & X_{12} & \cdots & X_{1n} \\ \vdots & \vdots & \vdots & \vdots \\ X_{k1} & X_{k2} & \cdots & X_{kn} \end{bmatrix} \begin{bmatrix} 1 & X_{11} & X_{21} & \cdots & X_{k1} \\ 1 & X_{21} & X_{22} & \cdots & X_{k2} \\ \vdots & \vdots & \vdots & \vdots & \vdots \\ 1 & X_{1n} & X_{2n} & \cdots & X_{kn} \end{bmatrix} =$$

$$\begin{bmatrix} n & \sum_{t=1}^{n} x_{1t} & \sum_{t=1}^{n} x_{2t} & \sum_{t=1}^{n} x_{kt} \\ \sum_{t=1}^{n} x_{1t} & \sum_{t=1}^{n} x_{1t}^2 & \sum_{t=1}^{n} x_{1t2t} & \sum_{t=1}^{n} x_{1tkt} \\ \vdots & \vdots & \vdots & \vdots \\ \sum_{t=1}^{n} x_{kt} & \sum_{t=1}^{n} x_{1t} x_{kt} & \sum_{t=1}^{n} x_{2t} x_{kt} & \sum_{t=1}^{n} x_{kt}^2 \end{bmatrix} \tag{2-47}$$

线性回归模型可表示为

$$Y = XB + \varepsilon \tag{2-48}$$

$$X'XB = X'Y \tag{2-49}$$

最终得到

$$B = (X'X)^{-1} X'Y \tag{2-50}$$

2.5 黄河源区及赣江上游区基于地面雨量站点的降水空间估计

2.5.1 流域概况

(1) 黄河源区

黄河是中华文明最主要的发源地，其源头位于青藏高原的巴颜喀拉山脉，全长 5 464 km，流域面积 752 443 km²，呈“几”字形自西向东流经青藏高原、黄土高原、内蒙古高原以及华北平原，最后流入渤海。黄河源区[图 2.1(a)]位于青藏高原东北部，一般指黄河干流唐乃亥水文站以上的控制区域，涉及青海、甘肃、四川三省，集水面积 121 972 km²，占黄河流域总面积的 16.2%。黄河源区平均海拔 3 000 m 左右，源头地区高达4 400 m 以上，是世界上生物多样性最为丰富的高海拔地区之一，对黄河流域的水生态环境有着重要的影响。

黄河源区是高寒半干旱气候区，地形基本上以丘陵和盆地为主，源区内分布着草原、湿地、湖泊、冰川和积雪，其中河流湖泊众多，发育了大量的沼泽湿地，是黄河上游大的蓄水池，成为黄河流域主要的产水区和重要的水源涵养区，被誉为“黄河水塔”。黄河源区内仅有冷暖两季，暖季短且多降水；冷季漫长多风、干燥酷寒，同时气象灾害多,危害严重[99]。源区年气温变化范围为−12℃ 至 10.2℃,年均气温−0.1℃,8 月最高,1 月最低。黄河源区受西南季风的影响,雨季降水集中在夏季,约占全年的 75%,年均降水量 561.0 mm,且年际降水差别不明显。黄河源区支流较多,共有 26 条流域面积在 1 000 km^2以上的支流。多年平均径流深为 167.8 mm,占整个黄河流域年平均径流量的 35.3%,径流年内分配不均,全年 71.6%的径流量集中在 6—10 月。

黄河源区土壤以高山草原土、高山荒漠土、高山草甸土、山地草甸土、沼泽化草甸土、沼泽土、风沙土和栗钙土等为主,呈现明显的垂直地带性特点[100]。黄河源区是青藏高原植物种类最贫乏的地区之一,该区具有明显的高山植物区系的特色,以多年生草本为主,缺少木本种类。综上,黄河源区生态结构简单、生态环境脆弱、抗干扰和自修复能力低,具有独特的水文系统和天然的冻土环境。随着近年来气候变化和人类活动的影响,黄河源区出现冻土退化、水土流失、湖泊面积减小等严峻的生态环境问题。

(2) 赣江上游区

赣江是鄱阳湖水系最大的子流域,赣江流域位于长江中游末段的南岸,地理位置处于 113°30′E ~116°40′E,24°29′N ~ 29°11′N 之间。赣江流域包括了赣州、吉安、萍乡、宜春、新余等市,总长 766 km,集水面积 83 374 km^2,约占全省流域面积的 51.5%,占长江流域面积的 4.64%。本书选取赣江上游峡山水文站以上控制区域作为研究区[图 2.1(b)],其地处江西南部,集水面积 15 905 km^2,为我国东南沿海向中部内陆延伸的过渡地带,也是内地通向沿海的重要通道之一。赣江上游地形复杂,主要以山地及丘陵为主,三面群山环绕,东部武夷山脉、西部罗霄山脉以及南部九连山脉,地势呈现周边高、中间低,南边高、北部低的形态,平均海拔约为 400 m。

赣江上游区属亚热带季风性湿润气候,全年四季变化分明,气候温暖湿润,光照充足,雨量充沛,年均温度 19.1℃,7 月气温最高,1 月气温最低,分别为 28.6℃和 7.8℃,年均日照时数 1 656 小时。赣江上游区年均降水量 1 643.2 mm,降水时空分布不均,多集中在 4—6 月,降水量和纬度之间存在一定的相关性,降水呈现自东北向西南减少的趋势,多年平均年水面蒸发量 1 120 mm。流域多年平均径流深 855.5 mm,径流特征与降水特征较为一致,主要补给来源是降雨。径流量年内变化明显,4—9 月的径流量约占全年的 70%。由于赣江上游区地貌类型复杂,丘陵山地占比比较大,汇流速度较快,同时江西是中国 3 大暴雨中心之一,因此常常受 4—7 月的西风带系统和 8—9 月的台风影响,形成暴雨甚至大暴雨等强对流天气[101]。暴雨洪水多发生在 3—6 月,6 月最为集中;洪水峰高量大,一次洪水过程历时多在 7 天以内。因此,赣江上游区山洪灾害频发。据资料记载,1985—2012 年,赣江上游共发生 332 起山洪灾害事件,主要为溪沟洪水,多分布于兴国、石城、安远、遂川、崇义、大余等地区[102]。

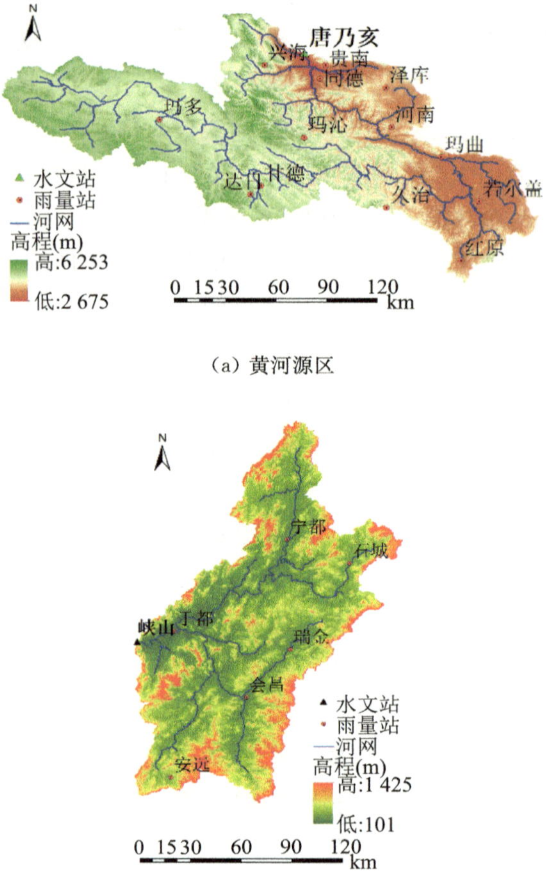

(a) 黄河源区

(b) 赣江上游区

图 2.1　黄河源区、赣江上游区地理位置及地面水文气象站分布示意图

2.5.2　数据资料

本书收集的数据资料有：中国科学院计算机网络信息中心提供的 SRTM(Shuttle Radar Topography Mission)90 m×90 m 空间分辨率的 DEM 数据；中国气象局提供的 2008—2013 年常规的气象资料，包括黄河源区 13 个气象站点、赣江上游区 7 个气象站点的日降水，日最高、日最低气温数据；2008—2013 年唐乃亥水文站和峡山水文站逐日流量资料以及 2015—2018 年唐乃亥站三场洪水流量要素表、2012—2014 年峡山站三场洪水要素表(摘自黄河流域及赣江流域水文年鉴)。

2.5.3　降水空间估计结果评估

2.5.3.1　误差检验

采用交叉验证[27](Cross - validation)来验证从 2008 年至 2013 年期间黄河源区和赣江上游区插值的效果。交叉验证的基本思想是将数据分为两部分：一部分数据用来进行模型的训练，通常称之为训练集；另一部分数据用来测试训练生成模型的误差，称之为测试集。由于这两部分数据不同，泛化误差的估计更接近真实的泛化误差，在数据量够的情况下能更好地估计真实的泛化误差。但是在实际应用中通常只有有限的数据，因此必须对数据进行多次切分得到更好的估计，交叉验证方法也应运而生。

Devroye 和 Wanger 于 1979 年提出 Hold - out 思想，就是将数据集进行切分，一部分用来训练，另一部分用来验证。通常设 I^t 为集合 $D_n = \{1,2,\cdots,n\}$ 的非空子集，$I^v = (I^t)^c = \{1,2,\cdots,n\} \setminus I^t$ 为其补集，用 I^t 作为训练集进行模型训练，I^v 作为验证集进行泛化误差估计，训练生成的模型用 $A(D_n)$ 表示，泛化误差的估计为

$$\hat{R}_{HO}(A;D_n;I^t) = \frac{1}{n_v}\sum_{i\in D_n^v} L[A(D_n);\xi_i] \tag{2-51}$$

其中，$D_n^t = (\xi_i)_{i\in I^t}$ 为训练样本，个数为 n_t；D_n^v 是验证样本，个数为 $n_v = n - n_t$；L 为损失函数。

交叉验证方法中最常用的是留一法[103]（Leave-one-out），其思想是每次从个数为 N 的样本中取一个作为验证集，剩下 $N-1$ 个样本作为训练集，重复进行 N 次，依次取遍 N 个数据作为验证集，最后取 N 个数据结果的平均为泛化误差估计。设有样本量为 N 的数据集 Z_N，第 j 次取出样本记为 ξ_i，$Z_N^{(-j)}$ 表示去除 j 后的数据，最后泛化误差估计的定义为

$$R_{LOO}(A;Z_N) = \frac{1}{N}\sum_{j=1}^{N} L[A(Z_N^{(-j)});\xi_i] \tag{2-52}$$

其中，L 为损失函数。本书选取留一法交叉验证，采用平均绝对误差（MAE）、平均相对误差（MRE）和均方根误差（RMSE），作为评估不同插值方法的标准。具体表达式为

$$RMSE = \sqrt{\frac{\sum_{i=1}^{N}(M_i - O_i)^2}{N}} \tag{2-53}$$

$$MAE = \frac{\sum_{i=1}^{N} ABS(M_i - O_i)}{N} \tag{2-54}$$

$$MRE = \frac{1}{N}\sum_{1}^{N}\left|\frac{ABS(M_i - O_i)}{O_i}\right| \tag{2-55}$$

式中，O_i 是第 i 个实测值；M_i 是第 i 个预测值；N 是所有测量站点数。

误差统计可以从不同的角度反映计算结果的优点。其中，MAE 反映了计算值的误差范围，并定量给出了误差。MRE 通过反映不同数据集的相对误差给出计算值的误差范围，效果直观。此外，RMSE 可以反映样本数据的内插敏感性和极端效应。

在分析不同尺度下不同方案的插值结果之前，对基于多元线性回归（MLR）方法进行了共线性诊断。分析了自变量观测数据的矩阵 X^TX，并使用各种指标来反映自变量之

间的共线性，常用的共线诊断统计量包括特征值和条件指数等[104]。如果矩阵 X 的特征值显示以下关系 $d_1 \geqslant d_2 \geqslant \cdots \geqslant d_k$，则用 X 的条件指数 $\frac{d_1}{d_k}$ 来表征其奇异性。因此，$\frac{d_1}{d_k}(j=1,2,\cdots,k)$ 也被称为条件指数。一般认为，如果条件指数在 10 和 30 之间，则独立变量之间存在弱相关性。若条件指数是介于 30 和 100 之间的值则表示中等相关性，是大于 100 的值表示强相关性。条件指数越大，特征值越接近于零，则共线关系越强。

通过黄河源区（表 2.1）与赣江上游区（表 2.2）的共线性分析的结果表明，特征值在两个维度上均接近零且条件指数较大。这表明使用 MLR 方法在两个流域进行回归插值时，自变量之间存在多重共线性，使用 PCR 方法则可以避免这种现象的发生。

表 2.1　黄河源区多元线性回归(MLR)方法共线性诊断

维度	特征值	条件指数	变异数比例					
			（常数）	经度	纬度	高程	坡度	坡向
1	5.581	1.000	0.00	0.00	0.00	0.00	0.00	0.00
2	0.254	4.684	0.00	0.00	0.00	0.00	0.47	0.07
3	0.159	5.927	0.00	0.00	0.00	0.00	0.26	0.76
4	0.016	21.623	0.00	0.00	0.01	0.26	0.02	0.12
5	0.000	109.378	0.00	0.04	0.26	0.01	0.14	0.04
6	1.32E-05	650.208	1.00	0.96	0.74	0.73	0.10	0.01

表 2.2　赣江上游区多元线性回归(MLR)方法共线性诊断

维度	特征值	条件指数	变异数比例					
			（常数）	经度	纬度	高程	坡度	坡向
1	5.367	1.000	0.00	0.00	0.00	0.00	0.00	0.00
2	0.523	3.204	0.00	0.00	0.00	0.00	0.00	0.03
3	0.081	8.156	0.00	0.00	0.00	0.00	0.00	0.39
4	0.029	13.633	0.00	0.00	0.00	0.01	0.00	0.00
5	6.51E-05	287.143	0.00	0.84	0.00	0.00	0.00	0.00
6	1.74E-08	17 547.716	1.00	0.16	1.00	0.99	0.99	0.57

2.5.3.2　年降水量估计

表 2.3 为各插值方法在黄河源区与赣江上游区年际降水交叉验证的结果。从结果可以看出，PCR 法在两个流域的降水空间插值精度均高于另外两种方法。对年降水量而言，3 种插值方法的 RMSE、MAE 与 MRE 表现出相似的趋势。在黄河源区，采用 PCR 法通过主成分回归计算年降水量与经度、纬度、高程、坡度和坡向的关系得出的插

值效果均优于其他两种方法，其次是 IDW 法，MLR 法效果最差。对于赣江上游区，3 种方法的精度排名与黄河源区的相同，MLR 方法的结果略低于 IDW 方法。除此之外，综合两个流域的结果可以看到，黄河源区 RMSE 范围为 47.2～69.9 mm，MAE 范围为 31.9～58.4 mm，MRE 范围为 5.80%～10.60%；赣江上游区 RMSE 范围介于 25.0 ～62.1 mm，MAE 范围为 15.3～49.8 mm，MRE 范围为1.90%～5.70%。总体而言，赣江上游区 3 种方法的插值结果精度高于黄河源区 3 种方法的插值精度，但是方法之间的变化幅度较黄河源区的更大。其原因是赣江上游区站点密度较黄河源区更高，插值效果离不开站点的密度因素；同时对 3 种方法而言，黄河源区有限的站点资料信息使得 3 种方法的结果差异没有赣江上游区的结果差异显著。

表 2.3　黄河源区与赣江上游区不同插值方法估计年际降水的交叉验证结果

区域	插值方法	RMSE(mm)	排名	MAE(mm)	排名	MRE (%)	排名
黄河源区	PCR	47.2	1	31.9	1	5.80	1
	IDW	60.6	2	45.6	2	8.60	2
	MLR	69.9	3	58.4	3	10.60	3
赣江上游区	PCR	25.0	1	15.3	1	1.90	1
	IDW	58.3	2	47.1	2	4.50	2
	MLR	62.1	3	49.8	3	5.70	3

黄河源区与赣江上游区站点处插值结果与实测值多年平均误差统计如图 2.2 所示，反映了各方法在区域插值的趋势。黄河源区，PCR 方法在所有测站的±降水统计误差范围在−37.4～31.1 mm 之间，其中 5 个测站的误差大于 0，剩下的 8 个站点误差小于 0；对于 IDW 方法，降水误差范围在−71～45.2 mm 之间，有 8 个测站误差大于 0，其余 5 个站点误差小于 0；而 MLR 方法的降水误差范围介于−54.8～31.8 mm 之间，4 个站点误差大于 0，9 个站点的误差小于 0。从图中可以看出，MLR 方法有整体低估的趋势，所有站点平均降水统计误差值为−13.1 mm；PCR 方法与 IDW 方法没有明显的高/低估趋势。对赣江上游区而言，PCR 方法在所有测站处的降水统计误差范围介于−37.2～17.5 mm 之间，其中 3 个测站的误差大于 0，3 个站点的误差小于 0，误差均值为−2.5mm；对于 IDW 方法，降水误差范围在−24.1～42.6 mm 之间，有 4 个测站误差大于 0，其余 2 个站点误差小于 0，各测站的降水统计误差均值为 6.1 mm；而 MLR 方法的降水误差范围为−42.1～54.6 mm，与 IDW 法一样，4 个站点误差大于 0，剩余 2 个站点的误差小于 0，测站间的平均误差为13.8 mm。从图中可以看出，MLR 方法有整体高估的趋势，此外，在瑞金站 IDW 与 MLR 法预估降水均高于实测降水 40 mm 以上，而流域最北的宁都站，3 种方法较实测值均有不同程度的低估趋势。

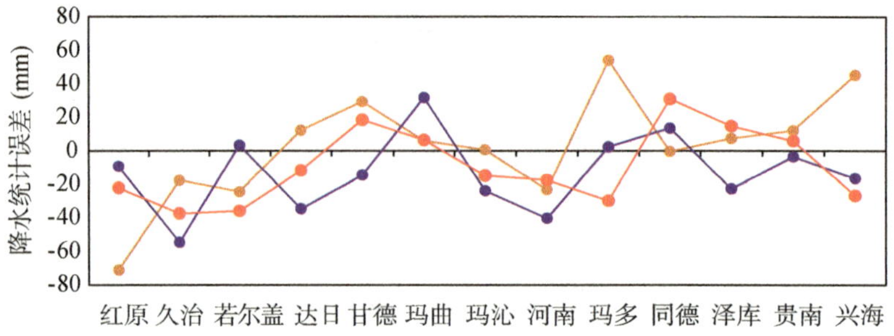

(a) 黄河源区

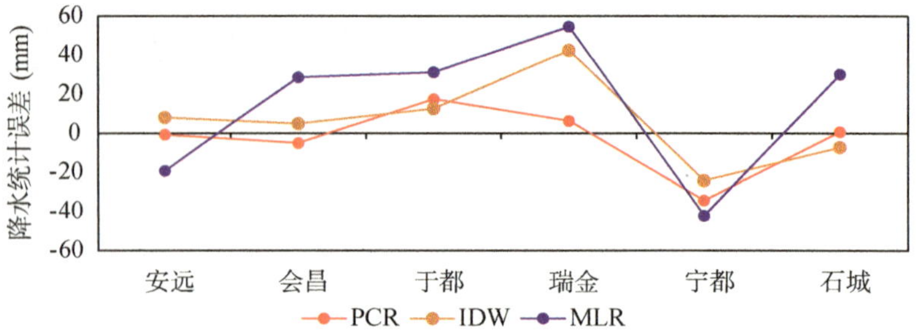

(b) 赣江上游区

图 2.2 黄河源区与赣江上游区站点处插值结果与实测值多年平均误差统计

图 2.3、图 2.4 显示了黄河源区和赣江上游区 3 种插值方法的年际降水空间分布。对于黄河源区，降水的空间分布随着海拔的降低[图 2.1(a)]由西至东逐渐增加，表明降水受地形的影响。从图中可以看到，PCR 方法更能准确地估计降水空间分布情况，并能更流畅地体现降水的空间分布；而 IDW 插值方法在站点周围产生明显的圆圈（“牛眼”现象），降水的空间范围过渡特征无法很好的表现；MLR 方法在较大雨量（>600 mm）至中等雨量（400～600 mm）以及中等雨量至低雨量（<400 mm）的过渡带有明显的带状分割线，并且高估了源区西部的降水量，不能较好地再现降水空间分布特征（图 2.3）。赣江上游区降水空间分布由西南向北增加，同 3 种方法在黄河源区体现的效果一样，IDW 在赣江上游区降水空间分布图上也出现了“牛眼”现象，MLR 方法的降水量在空间上由低至高出现了明显的带状分割线。此外，从 MLR 方法的年际降水分布图与 IDW 和 PCR 方法的对比可以看出，在西部降水量较低的地区 MLR 方法高估了降水量，而在北部地区降水量较大，MLR 方法呈现出低估趋势，这与在站点处估计结果与实测值多年平均误差统计（图 2.2）结果一致（图 2.4）。总体而言，PCR 方法的模拟结果令人满意，模拟精度较高且在地图上清晰地反映了降水的空间分布，与实际分布相一致。

2.5.3.3 日降水量估计

日尺度 3 种降水插值方法在黄河源区与赣江上游区的交叉验证结果如表 2.4 所示，3 种方法的估计结果趋势与年际尺度的一致。此外，不同方法的统计指标在日尺度上的差异比在年际尺度上的差异更为明显，表明日降水量的空间变异性大于年降水量的空间变异性。对于黄河源区，PCR 方法效果最好，IDW 与 MLR 方法分列二、三位且二者差异不明显。3 种方法的 RMSE 范围为 6.6～14.8 mm，MAE 的范围为5～11.9 mm，MRE 范围为 2.8%～5.7%。赣江上游区 3 种方法的精度与黄河源区一致，RMSE 的范围为 3.9～6.2 mm，MAE 的范围为 2.7～5.5 mm，MRE 的范围为 2.9%～4.1%。

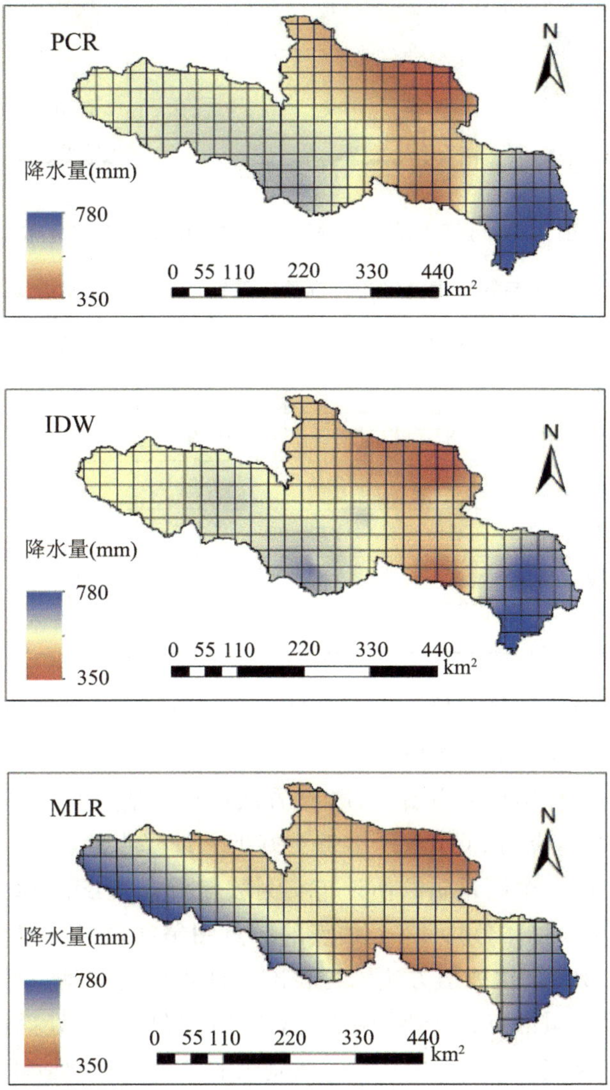

图 2.3　黄河源区 3 种插值方法年际降水空间分布

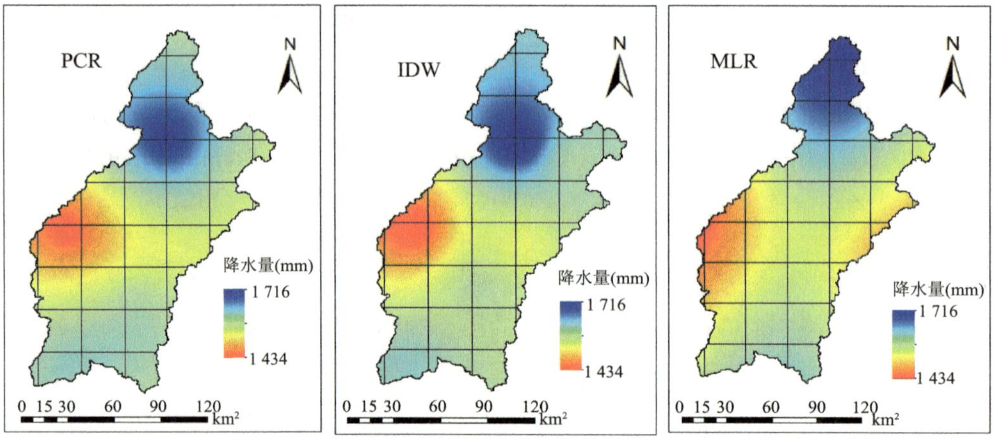

图 2.4 赣江上游区 3 种插值方法年际降水空间分布

表 2.4 黄河源区与赣江上游区不同插值方法估计日尺度降水的交叉验证结果

区域	插值方法	RMSE(mm)	排名	MAE(mm)	排名	MRE (%)	排名
黄河源区	PCR	6.6	1	5	1	2.8	1
	IDW	14.3	2	10.9	3	4.7	2
	MLR	14.8	3	11.9	2	5.7	3
赣江上游区	PCR	3.9	1	2.7	1	2.9	1
	IDW	4.5	2	3.2	2	3.6	2
	MLR	6.2	3	5.5	3	4.1	3

为进一步分析黄河源区与赣江上游区日尺度各插值方法的精度，图 2.5、图 2.6 再现了两个流域内每个站点处实测降水与插值估计降水量的散点图。从黄河源区的 13 个雨量站的实测与估计结果可以看出，PCR 方法在每个站点处的插值结果均与实测降水量有良好的相关性，说明 PCR 方法能够更好地估计降水的空间分布特征。而 MLR 方法与 IDW 方法在 13 个雨量站的估计与实测散点图更加分散，降水的空间分布估计效果不如 PCR 方法。具体分析 13 个站点的散点图情况，可以看出，在久治、玛曲、玛沁、同德和贵南站，3 种降水插值方法均可较准确地再现对应站点处的实测降水量，估计降水量与实测降水量散点在 45°线附近，这与年际尺度站点处插值结果与实测值多年平均误差统计结果基本一致(图 2.2)。而剩余的 8 个站点的估计降水量与站点实测降水量间相关性参差不齐，可见，3 种方法再现站点处降水量的能力不一样(图 2.5)。在赣江上游区，安远站与于都站的 3 种插值方法在对应站点处插值结果精度较高，尤其是安远站，3 种方法均可准确地再现站点处降水信息；而在瑞金站，3 种插值结果较站点实测值有明显的高估趋势；在宁都站，3 种插值结果均低估了站点降水量，此趋势

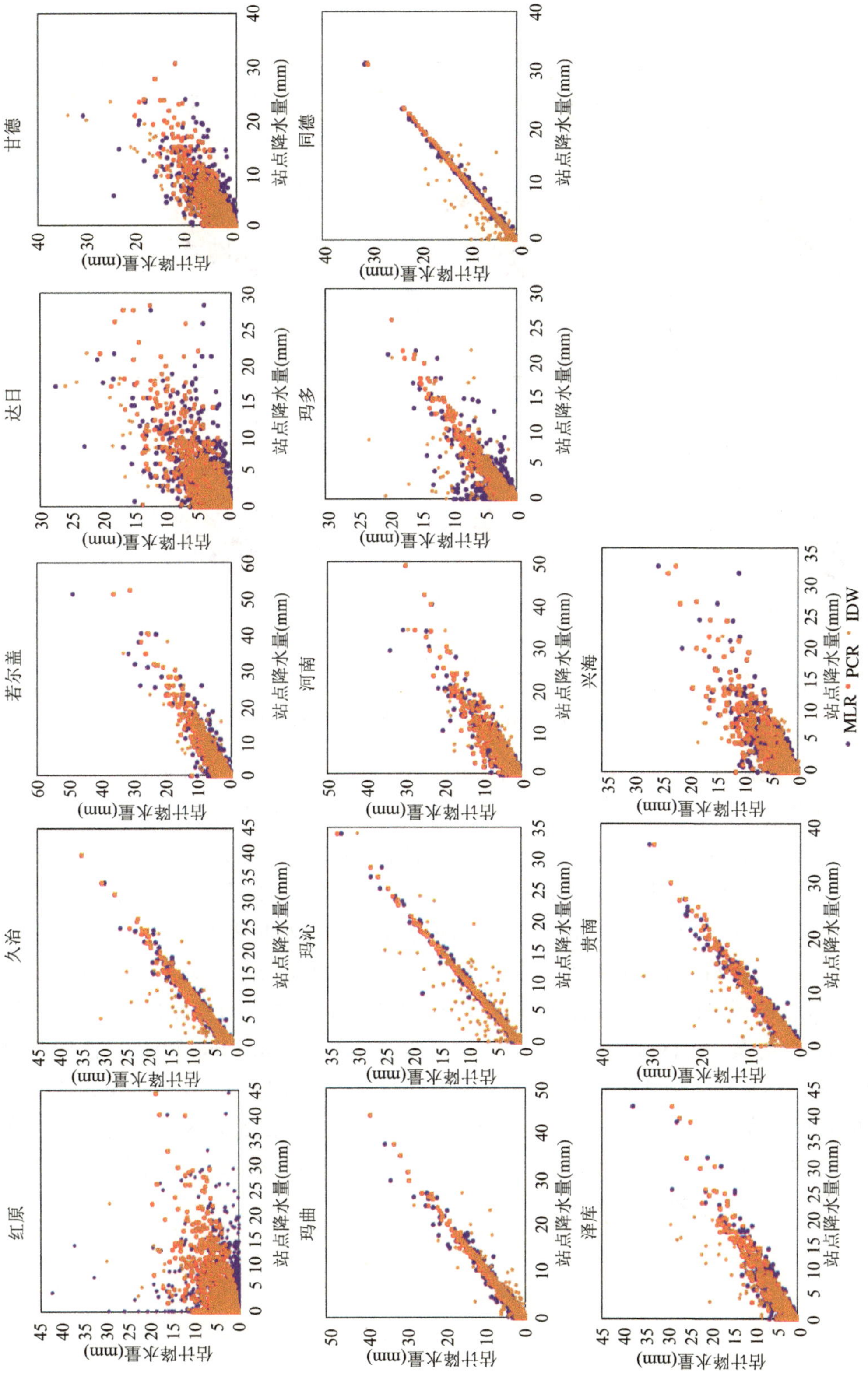

图 2.5　黄河源区各站点处插值方法估计与观测值散点图

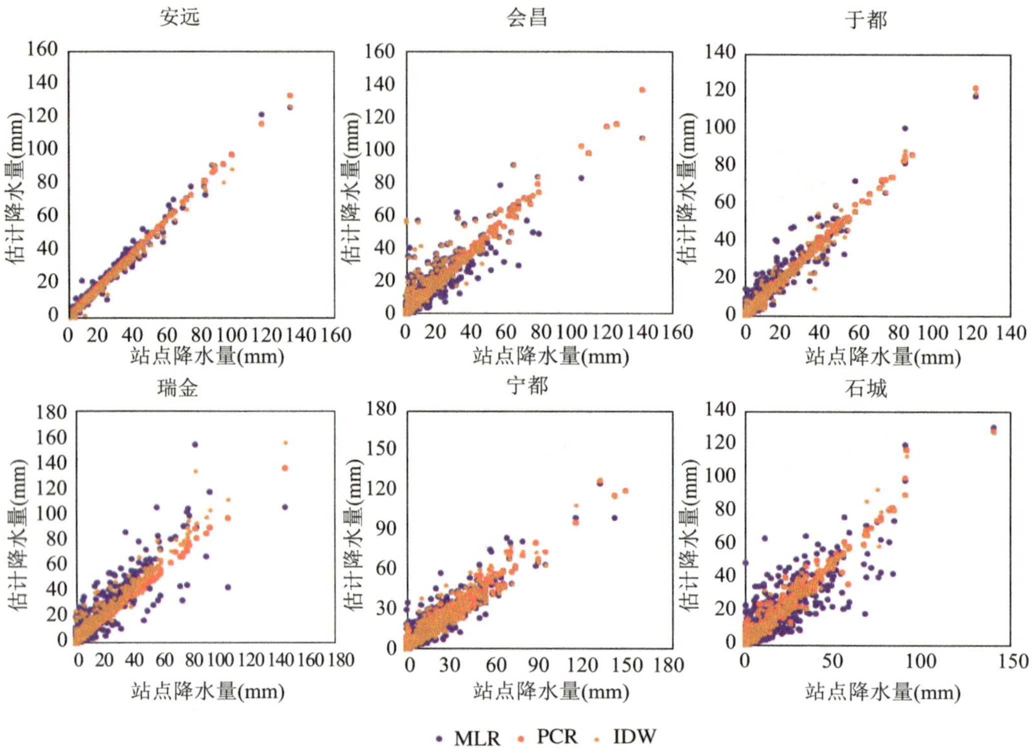

图 2.6　赣江上游区各站点处插值方法估计与观测值散点图

也与年际尺度统计结果吻合(图 2.2、图 2.6)。总体而言,PCR 方法在两种气候特征差异显著的流域均有着良好的适用性,可以更好地再现降水空间分布特征。

黄河源区与赣江上游区的 3 种插值方法与站点实测值的月尺度降水量误差如图 2.7 所示。对于黄河源区,PCR 方法结果与站点实测之间的月尺度降水量差异为 −4～3 mm,IDW 方法结果与站点实测之间的月尺度降水量差异为 −6～7 mm,而 MLR 方法结果与站点实测降水量间的差异是 −8～10 mm,月尺度差异较大的月份集中于 5—8 月份,并且 PCR 方法估计的月降水量与实测值之间的差异最小;对于赣江上游区而言,与黄河源区 3 种插值方法与站点实测的差异趋势相同,PCR 方法的月尺度降水量差异为 −15～11 mm,IDW 方法的月尺度降水量差异为 −15～14 mm, MLR 方法的月尺度降水量差异是 −10～25 mm,MLR 方法在赣江上游区月尺度较站点实测值有高估的趋势。综合而言,PCR 方法的月尺度降水空间分布估计精度最高,IDW 方法次之,MLR 方法效果较差。

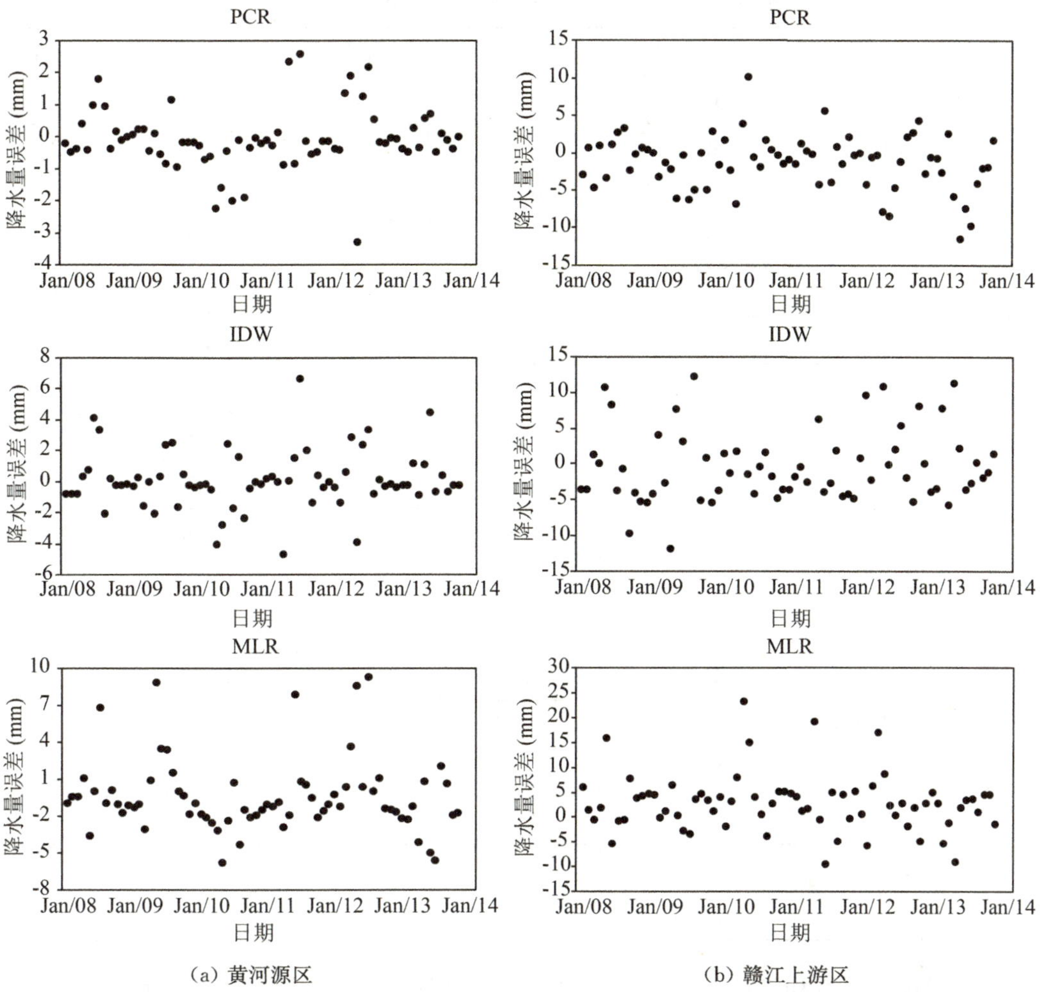

图 2.7 黄河源区与赣江上游区各插值方法与站点实测月尺度降水量误差

2.5.3.4 小时降水量估计

为了更全面地评估不同降水插值方法在两个流域的降水空间估计能力，分别选取每个流域三场洪水事件的降水过程，研究不同插值方法估计小时尺度降水的性能。表2.5为黄河源区三场洪水事件与赣江上游区三场洪水事件不同插值方法估计小时尺度降水的交叉验证结果。对于黄河源区而言，PCR 方法在两场洪水事件的降水量估计中交叉验证结果最佳，IDW 在另一场洪水事件中的估计效果更好，而 MLR 方法在三场洪水事件中的交叉验证结果都比另两种方法的结果差。赣江上游区 PCR 方法在三场洪水事件中的交叉验证效果均为最佳，而 MLR 方法在 20120509 号洪水事件的降水估计效果比 IDW 方法的效果好。总体而言，对于小时尺度降水的降水空间估计，3 种方法的差异没有年际尺度与日尺度的明显，PCR 方法总体上呈现出可靠的估计能力，IDW 次之，MLR 方法略差。

表 2.5　黄河源区与赣江上游区不同插值方法估计小时尺度降水的交叉验证结果

区域	洪号	插值方法	RMSE	排名	MAE	排名
黄河源区	20150921	PCR	0.49	1	0.28	1
		IDW	0.68	2	0.53	2
		MLR	0.79	3	0.61	3
	20161014	PCR	0.39	2	0.28	2
		IDW	0.34	1	0.24	1
		MLR	0.53	3	0.44	3
	20180706	PCR	1.1	1	0.76	2
		IDW	2.12	3	0.65	1
		MLR	1.14	2	0.78	3
赣江上游区	20120509	PCR	1.35	1	0.83	1
		IDW	1.89	2	1.31	2
		MLR	2.69	3	1.82	3
	20130713	PCR	1.12	1	0.73	1
		IDW	1.96	3	1.36	3
		MLR	1.4	2	0.9	2
	20140521	PCR	2.15	1	1.37	1
		IDW	3.3	2	1.94	2
		MLR	4.64	3	3	3

根据黄河源区和赣江上游区的地面雨量站点观测结果，比较了不同插值方法三场洪水事件的逐小时降水直方图(图 2.8)。图 2.8(a)表明，20150921 号洪水事件中地面雨量站点观测到有 138 个时段降水量在 0.1 mm 以下，PCR 方法和 MLR 方法略有高估，IDW 方法则略有低估；对于小时降水量为 0.1～0.5 mm 的时段，PCR 方法和 MLR 方法有所低估，IDW 方法稍有高估；PCR 方法准确估计了 1～2 mm 范围的降水，另两种方法略低估；而对于>2 mm 的降水 3 种方法均有所低估。针对 20161014 号洪水事件，MLR 方法明显地高估了 0.1 mm 以下的逐小时降水量，而对于 0.1～0.5 mm 和>1 mm的降水时段则呈现低估趋势；PCR 与 IDW 方法性能差异不大。20180706 号洪水事件 0.1 mm 以下时段 PCR 与 MLR 方法较站点观测略有高估，与二者在 20150921 号洪水事件对应的时段结果趋势相同。赣江上游的直方图统计结果[图 2.8(b)]表明，20120509 号洪水事件中 3 种方法的差异多在 1～5 mm 和 5～10 mm 降水范围内，而对于小时降水量为>10 mm 的时段，3 种方法较站点观测量有所高估。对 20130713 号洪水事件，PCR 方法在各降水区间内与观测降水量差异不大，IDW 与 MLR 方法在 5～10 mm 和 10～20 mm 的降水区间较实际观测有所高估，而对于最大

降水量(>20 mm)两种方法均未能准确估测。20140521 号洪水事件共 47 个时段地面站点观测降水量低于 0.1 mm，IDW 与 MLR 方法略有低估；MLR 方法对于 0.1～5 mm 区间降水时段有所高估，而低估了 5～10 mm 的降水范围。总体来看，3 种方法对两个流域各自的三场洪水事件的逐小时降水量范围划分估计没有明显的高估/低估趋势，能够较好地估计出不同量级的降水。

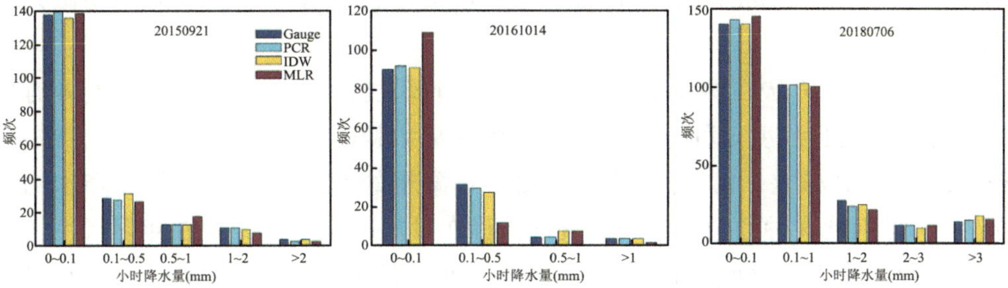

(a) 黄河源区

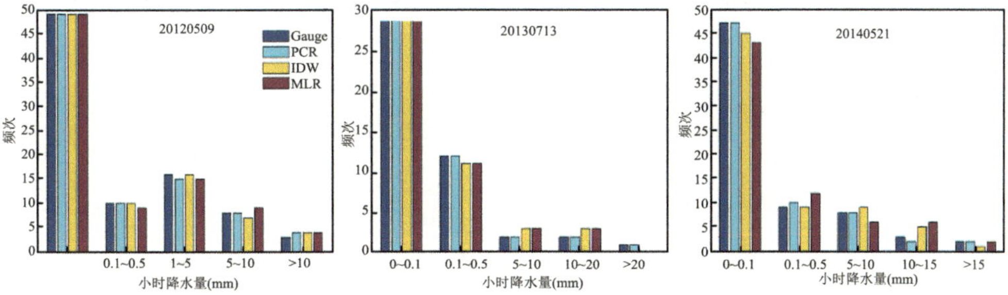

(b) 赣江上游区

图 2.8　黄河源区与赣江上游区小时尺度插值方法与站点实测降水量直方图

2.6　本章小结

PCR 方法作为一种基于回归理论的降水空间插值模型，能够有效地消除自变量间的多重线性自相关问题，更加准确地分析降水与自变量因子之间的关系，从而改善降水空间估计精度，在传统降水空间插值方法中有着较为明显的优势。本章采用了 PCR 方法、传统的 IDW 方法以及同样基于回归理论的 MLR 方法，建立了两种不同气候特征流域——黄河源区与赣江上游区的年、日、小时尺度降水空间估计模型，比较了不同方法的降水空间估计性能，同时讨论了插值方法在不同流域适用性研究。研究得到以下主要结论：

(1) 介绍了 PCR 方法的基本原理，指标之间的相关性判定，主成分因子的选择以及基于 PCR 方法进行降水空间插值的步骤。简述了 IDW 方法和 MLR 方法，并阐明了 PCR 方法较传统降水插值方法的优势。

(2) 建立了黄河源区与赣江上游区的 PCR、IDW 与 MLR 降水空间估计模型。引入高程、坡度和坡向地形因子作为 PCR 与 MLR 的自变量输入。总体而言，PCR 方法对黄河源区和赣江上游区的年、日、小时尺度降水空间估计均有较高的精度，在消除了自变量共线性的同时加入坡度和坡向等微观因子，更加精确地估计了降水空间分布特征。而加入多项地形因子的 MLR 方法估计降水能力较差，原因是自变量的增多导致变量间线性自相关问题增加，因此在采用 MLR 方法进行降水插值前需要做共线性诊断。

(3) 3 种插值方法在两个流域内年、日、小时尺度降水空间估计效果差异有所不同。年际尺度与日尺度 3 种方法有稳定一致的交叉验证精度排序，即 PCR 方法最好，IDW 次之，MLR 较差。值得注意的是，由于日降水的空间变异性较年际降水的空间变异性更大，因此 3 种插值方法间的统计指标在日尺度上的差异比在年际尺度上的差异更为明显。对于小时尺度而言，针对不同的洪水事件，3 种插值方法交叉验证结果不同，其原因可能是洪水事件的降水往往在很短的时间产生较大的雨量，而其余时间降水几乎为 0，因而产生插值的不确定性增加以及交叉验证统计结果多时段均化等问题。

第三章

多卫星降水产品的精度评估

3.1 本章概述

由于地面雨量站点观测网的密度受多种因素的影响，在站网稀疏的地区降水空间分布估计能力往往不足。而卫星遥感降水较地面雨量站网观测相比具有空间连续性强、覆盖范围广、时空分辨率高、获取快速等优势，可以弥补站点降水存在的缺陷。随着卫星遥感技术的进步及降水反演算法的完善，近年来一系列高分辨率、全范围覆盖的卫星降水产品的问世也为流域水文模拟、洪涝灾害监测、降水空间分布特征估计等方面提供有用的信息。然而不同卫星降水产品的精度不一，同一种卫星降水产品在不同气候特征流域的适用性也有待探究，因此深入辨识不同卫星降水产品在具体流域的降水时空特征估计能力很有必要。高寒半干旱气候区流域黄河源区与亚热带湿润季风区流域赣江上游区是我国具有典型代表性的两个流域，本章以这两个流域为研究区，通过地面站点观测历史数据资料，全面评估月、日、小时尺度 TMPA 3B42V7、TMPA 3B42RT、CMORPH_CRT 和 IMERG_Final 4 种卫星降水产品对降雨的时空特征估测精度，分析各产品的误差影响因素，选取适用于黄河源区及赣江上游区的卫星降水产品。

3.2 卫星降水产品介绍

本章选取了目前较为广泛应用于中国的 4 种全球卫星遥感降水产品，这些卫星降水产品因其长期的系列数据集和足够的检索经验及技术而发挥着重要的作用。4 种降水产品分别是美国宇航局(NASA)的 TMPA 系列的 3B42V7 与 3B42RT 产品、美国大气海洋局(NOAA)的 CMORPH_CRT 产品以及美国宇航局(NASA)开发的继 TRMM 之后的新一代全球卫星降水产品 IMERG_Final。其中，TMPA 3B42RT 为实时降水产品，未经地面站点校正，其发布时间较快，在水文预报、干旱监测等方面有着较好的应用。而 TMPA 3B42V7、CMORPH_CRT 以及 IMERG_Final 为滞时降水产品，均经过各种形式的后处理，在精度提高的同时有不同程度的滞时，因此更加适用于水文模拟等方面。

3.2.1 TMPA 3B42V7 与 TMPA 3B42RT

TMPA 系列产品的全称为 TRMM Multisatellite Precipitation Analysis，由 NASA 提供并根据各种卫星数据集进行设计[105]。TMPA 将低轨道卫星微波(MW)数据和其校准的对地静止红外(IR)数据相结合，以提供准全球覆盖(50°S ～ 50°N)和 3 小时时间间隔的 0.25°空间分辨率降水估计。目前，最流行的 TMPA 3B42V7 降水产品是 2013 年 1 月 28 日发布的第 7 版本的算法，包括两种产品，即准实时版本

(3B42RT)和后处理版本(3B42V7)。TMPA 3B42RT 由多卫星被动微波遥感 PMW 率定 IR 数据组合直接产生,延迟时间为 8 小时,因而称之为准实时降水产品;3B42V7 产品是通过使用全球降水资料数据集 GPCP 及美国气候预测中心 CPC 提供的基于地面观测站点的月降水分析数据集对近实时产品进行偏差调整而得出的,有两个月的延迟。

3.2.2 CMORPH_CRT

CMORPH 降水产品全称为 the Climate Precipitation Center (CPC) Morphing Technique,主要基于低轨道卫星微波遥感 MW 观测。此外,通过拉格朗日时间插值方法,对微波遥感定量反演的降雨推导结果进行降水系统的移动向量,改变降水特征的形状与强度[44]。CMORPH 的覆盖范围是 60°S～60°N,数据集自 2002 年 12 月至今。CMORPH 在 2014 年重新发布了名为 CMORPH 版本 1.0 的新数据集,包括 CMORPH_RAW,CMORPH_CRT 和 CMORPH_BLD。为了进行高分辨率的全球降水分析,CMORPH_CRT 通过将每日 CMORPH-RT 的概率密度函数与陆地上的 CPC 日尺度雨量站降水的概率密度函数相匹配来调整降水估算,并使用 GPCP 数据来校正海洋上的 CMORPH 偏差[106]。

3.2.3 IMERG

继 TRMM 成功之后,美国国家航空航天局(NASA)与日本宇宙航空开发机构(JAXA)于 2014 年实施了新一代全球降水测量计划(Global Precipitation Measurement, GPM)[107]。IMERG 降水产品全称为 Integrated Multi-satellitE Retrievals for GPM,是全球降水计划的第三级产品,它统一了全球降水测量计划中同伴卫星的观测结果。为了提供更精细的时空分辨率及更准确可靠的降水估计,首次采用双频降水雷达(DPR)进行监测[108]。IMERG 数据提供每隔半小时在 0.1°网格上的降水估算,其第一个降水估算版本(V03)于 2014 年发布,改进算法后的新版本 IMERG-V04 和 IMERG-V05 陆续发布,但仅提供 2014 年以后的降水估计序列,同时范围介于 60°S～60°N 之间。在增强降水反演算法后,IMERG-V06B 于 2019 年 9 月发布,其降水记录可追溯至 2000 年,同时全球覆盖,这为水文模型参数率定、各卫星降水产品的对比等提供了更加全面便捷的条件[109]。根据源数据处理过程的不同, IMERG 分为近实时 Early、Late 和滞时的 Final 3 种产品,满足不同用户对延迟和准确性的要求。本书研究采用 IMERG V06B 的 Final run 产品,经过月尺度的地面资料校正后,精度在 3 种产品中最高。

3.3 黄河源区与赣江上游区多卫星降水产品精度评估

3.3.1 精度评估方法

采用黄河源区和赣江上游区 2008—2013 年地面站点降水观测数据,以及唐乃亥水文站和峡山水文站三场洪水事件对应的地面站点降水观测数据作为基准数据，对TMPA 3B42V7、TMPA 3B42RT、CMORPH_CRT 以及 IMERG_Final 共 4 种卫星降水产品的精度在月、日、小时的时间尺度上进行定量评估。

本书采用多项诊断指标来评估卫星降水产品数据的误差特征。其中，定量指标包括相关系数(Correlation Coefficient，CC)、相对误差(Relative Bias，BIAS)、均方根误差(Root Mean Squared Error，RMSE)。CC 表示卫星降水与地面站点观测降水的相关度，越接近 1 表明二者相关度越高；BIAS 反映了两种数据间的系统偏差，BIAS 越接近 0 表明精确度越高；RMSE 反映了卫星降水与站点观测值的离散程度，数值越小则其离散度越小。分类指标包括命中率(Probability of Detection，POD)、误报率(False Alarm Ratio，FAR)、临界成功指数(Critical Success Index，CSI)。POD 表示卫星降水产品对日、小时降水事件是否发生的探测能力，POD 越大说明探测命中率越高，反映降水事件的能力就越强；FAR 表示降水事件被错误估计的概率，越小则空报、误报越小；CSI 综合反映了卫星降水数据探测实际降水事件的能力，最优值为 1。识别降水事件的阈值为 0.1 mm/d(日降水)或者 0.1 mm/h(小时降水)。此外，针对每个降雨等级，估算卫星降水产品估计值与雨量计测量值的混淆矩阵(Confusion Matrix)[110]。在理想的情况下，卫星降水估计值与观测数据完全一致，该矩阵将是一个反对角矩阵，其中除了从左下角到右上角的对角线上值为 1 之外，其余的都为零。上述各参数的表达式及含义见表 3.1。

表 3.1 卫星降水精度评价指标表

统计指标	公式	单位	最优值	注释
相对误差(BIAS)	$BIAS=\dfrac{\sum_{i=1}^{n}(P_i^s-P_i^o)}{\sum_{i=1}^{n}P_i^o}$	%	0	P_i^s 和 P_i^o 表示卫星降水和地面站网观测降水；$\overline{P^s}$ 和 $\overline{P^o}$ 是 P_i^s 和 P_i^o 的均值；n 为样本数
相关系数(CC)	$CC=\dfrac{\sum_{i=1}^{n}(P_i^o-\overline{P^o})(P_i^s-\overline{P^s})}{\sqrt{(P_i^o-\overline{P^o})^2}\sqrt{(P_i^s-\overline{P^s})^2}}$	无	1	
均方根误差(RMSE)	$RMSE=\sqrt{\dfrac{\sum_{i=1}^{n}(P_i^s-P_i^o)^2}{n}}$	mm	0	
标准偏差(SD)	$SD=\sqrt{\dfrac{1}{n}\sum_{i=1}^{n}(P_i^s-\overline{P^s})^2}$	mm	0	
中心均方根误差(CRMSE)	$CRMSE=\sqrt{\dfrac{1}{n}\sum_{i=1}^{n}[(P_i^s-\overline{P^s})-(P_i^o-\overline{P^o})]^2}$	mm	0	

（续表）

统计指标	公式	单位	最优值	注释
命中率（POD）	$POD=\frac{H}{H+M}$	无	1	H 为降水事件被卫星正确观测到的次数；M 为卫星未观测到降水而实际发生降水的次数；F 为卫星观测到降水而实际未发生降水的次数
误报率（FAR）	$FAR=\frac{F}{H+F}$	无	0	
临界成功指数（CSI）	$CSI=\frac{H}{H+M+F}$	无	1	

3.3.2 月尺度降水估计误差及空间分布

图 3.1、图 3.2 是黄河源区与赣江上游区各站点处逐月卫星降水与站点观测降水的比较。对黄河源区总体而言，TMPA 3B42RT 在黄河源区有系统性的高估趋势，因此不适合采用此数据表述黄河源区降水空间分布特征。IMERG_Final 数据的逐月降水序列在 4 种卫星降水数据中与站点降水序列最为一致，能够很好地反映各站点处的降水空间分布特征。此外，TMPA 3B42V7 与 CMORPH_CRT 能够较好地再现站点处逐月降水序列。从卫星降水在各站点处的表现来看，4 种卫星降水产品在红原、达日、玛沁以及玛多 4 个站点处的降水序列与观测序列差异较其余站点处的差异更大，而在若尔盖、玛曲、河南、兴海站点处卫星降水序列与对应站点观测序列较为一致，表现出更高的精度（图 3.1）。与黄河源区相比，在赣江上游区卫星降水与站点观测的序列更加准确，表明几种卫星降水产品在赣江上游区的适用性强于在黄河源区的适用性。整体而言，IMERG_Final 更为准确地揭示了降水随时间变化的过程，TMPA 3B42V7 与 CMORPH_CRT 次之，而 TMPA 3B42RT 较差。于都站和瑞金站的卫星降水与站点观测序列一致性没有其余站点的高（图 3.2）。

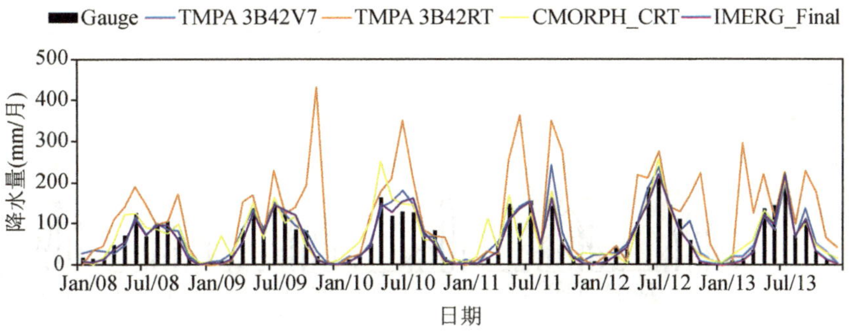

（a）红原

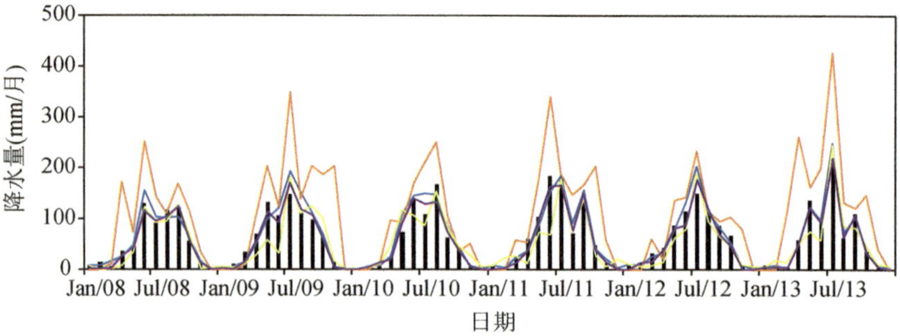

(b) 久治

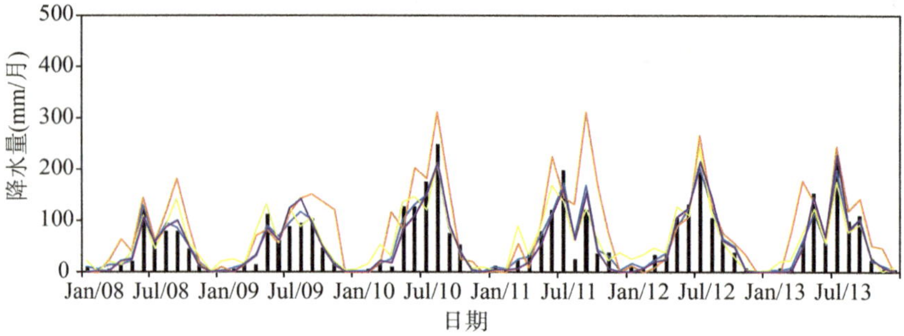

(c) 若尔盖

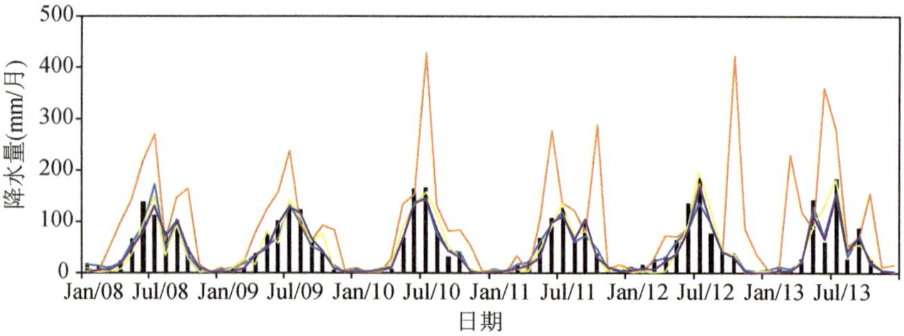

(d) 达日

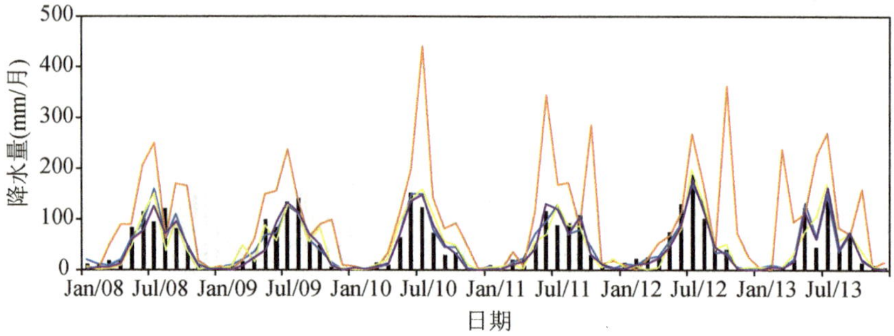

(e) 甘德

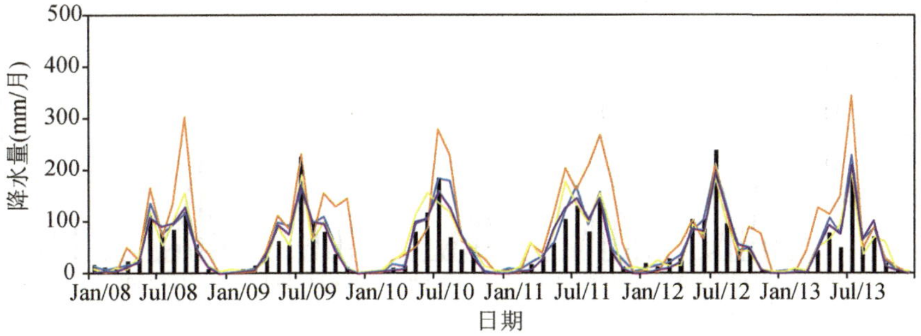

（f）玛曲

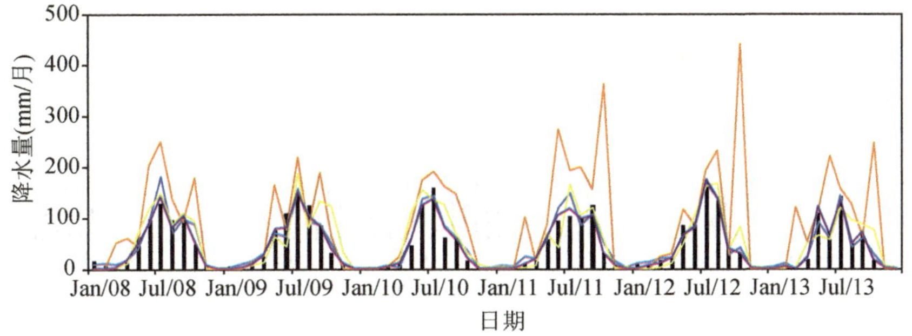

（g）玛沁

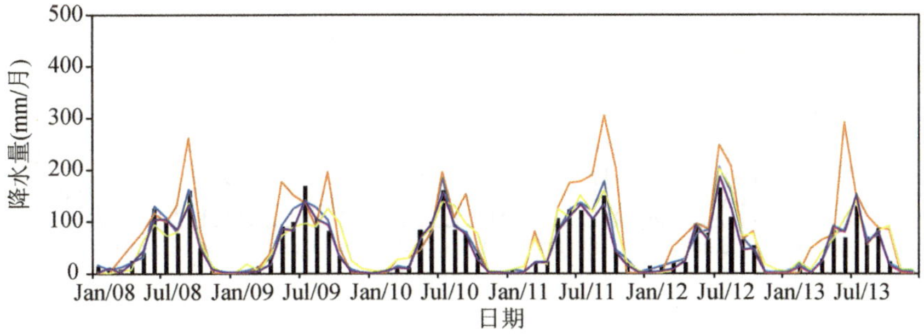

（h）河南

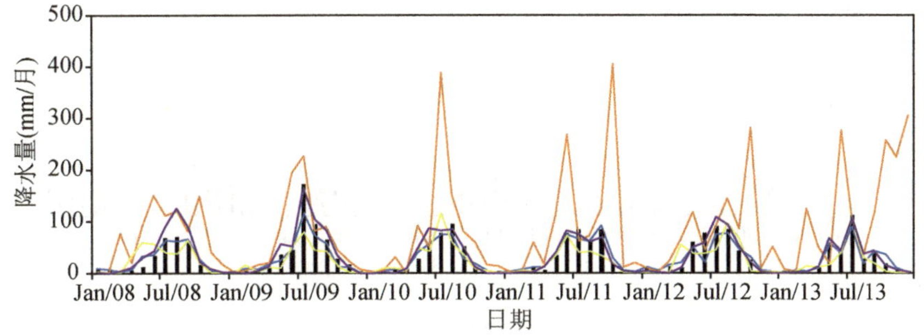

（i）玛多

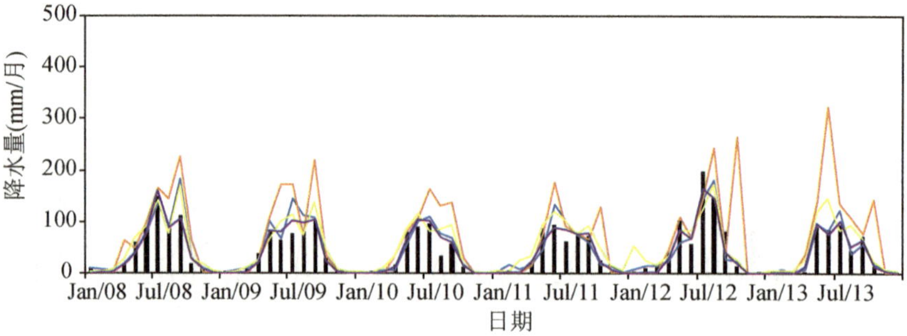

(j) 同德

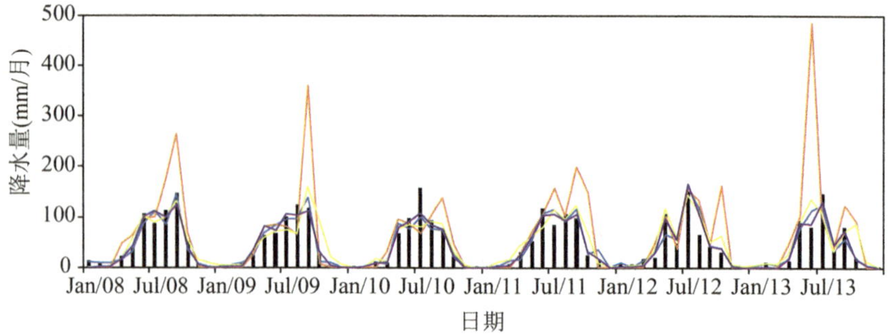

(k) 泽库

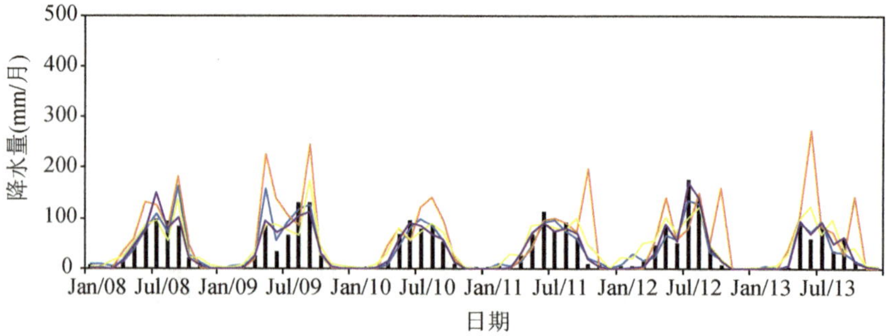

(l) 贵南

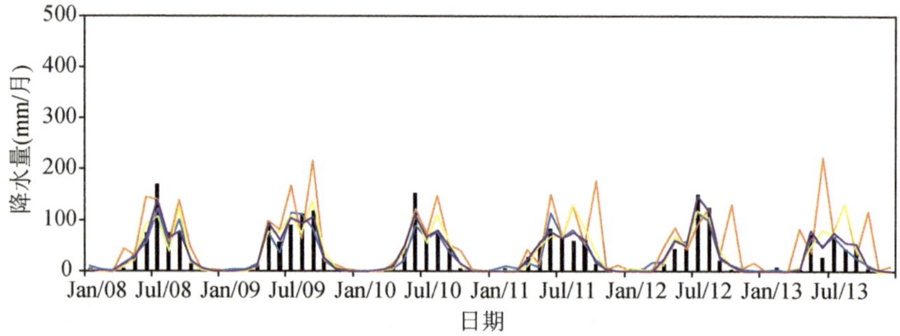

(m) 兴海

图 3.1　黄河源区各站点处逐月卫星降水与地面站点观测降水比较

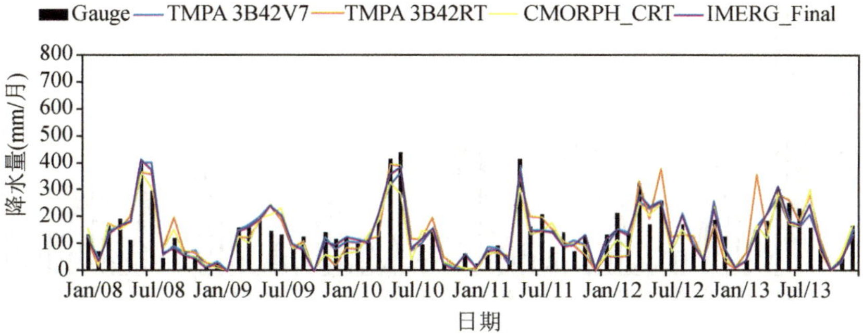

（a）安远

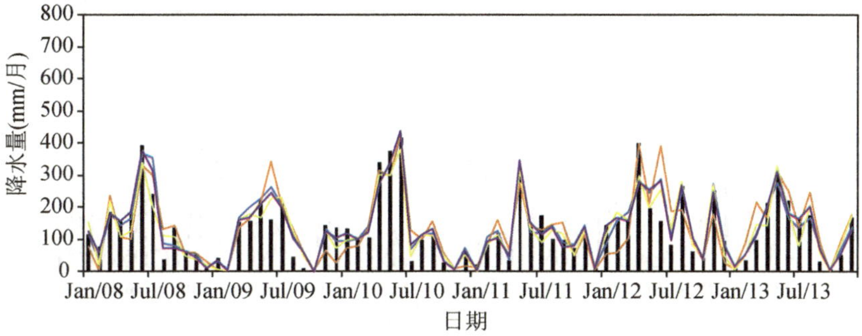

（b）会昌

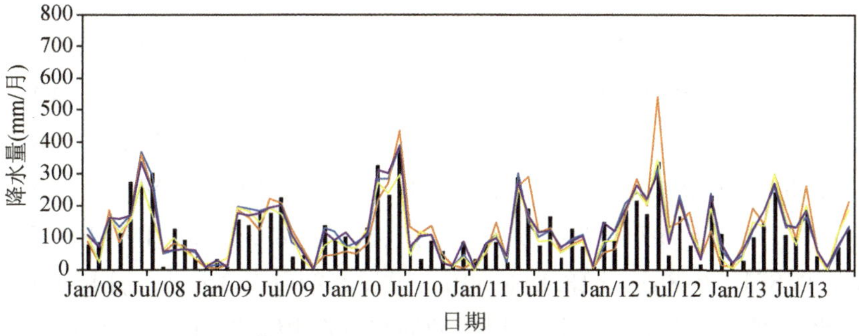

（c）于都

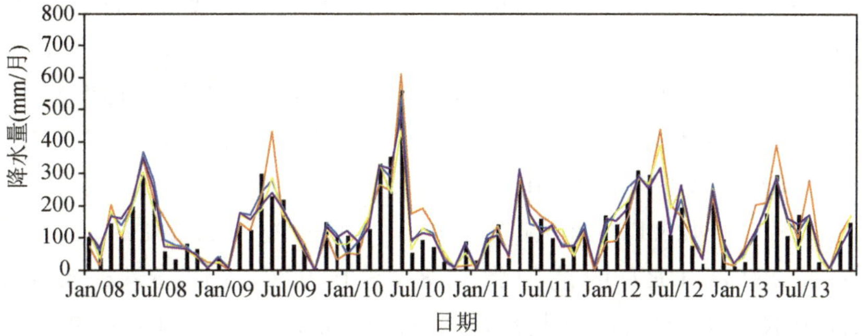

（d）瑞金

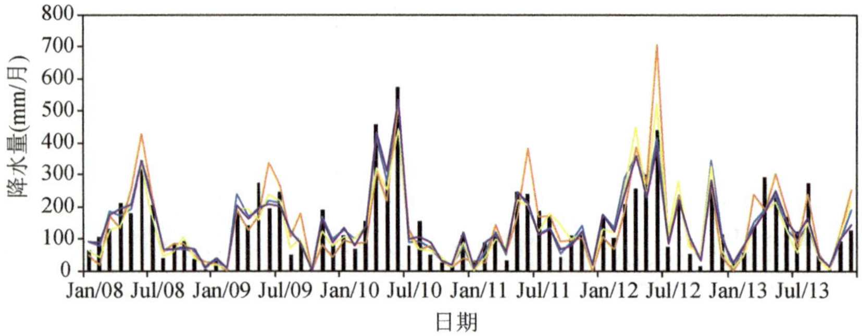

(e) 宁都

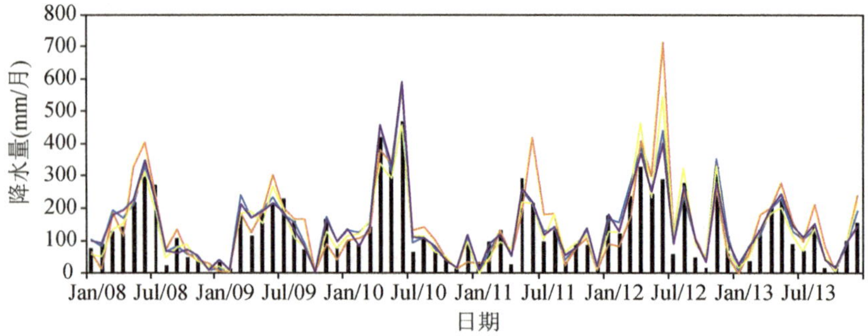

(f) 石城

图 3.2　赣江上游区各站点处逐月卫星降水与地面站点观测降水比较

表 3.2 和表 3.3 列出了黄河源区和赣江上游区各自站点处不同卫星的月降水数据对应的精度指标。在黄河源区 13 个站点中，TMPA 3B42V7 的 CC、BIAS 和 RMSE 范围为 0.753～0.827、−8.4%～43.1%、44.7～76.4 mm；TMPA 3B42RT 3 个指标的范围为 0.25～0.689、42.5%～180.1%、60.2～127.3 mm；CMORPH_CRT 3 个指标的范围为 0.728～0.797、−30.4%～5.4%、63.7～83.8 mm；IMERG_Final 3 个指标的范围为 0.851～0.887、−13.8%～10.3%、33.2～65.3 mm。分析可得，IMERG_Final 月降水数据与站点降水量具有较强的同步性和相关性，误差最小；其次是 TMPA 3B42V7、CMORPH_CRT，而 TMPA 3B42RT 较其余卫星产品的 3 项指标均有明显差异，同时各项指标在不同站点处的跨度范围大，显示出较差的适用性。这也与各站点处逐月卫星降水与地面观测降水比较(图 3.1)结果一致。玛多站是 13 个站点中 4 种卫星降水产品统计指标最差的站，其次是在若尔盖、玛曲站多数卫星降水产品的 BIAS 较大。对于赣江上游区的 6 个站点，4 种卫星月降水数据较站点的 CC、BIAS、RMSE 范围如下：TMPA 3B42V7 的范围为 0.884～0.938、−6.5%～13.9%、38.2～51.7 mm；TMPA 3B42RT 的范围为 0.825～0.859、−2.2%～25.7%、56.3～75.4 mm；CMORPH_CRT 的范围为 0.877～0.923、−12.5%～8.3%、39.3～54.8 mm；IMERG_Final 的范围介于 0.925～0.958、−1.1%～9.9%、35.8～40.1 mm。总体而言，各卫星降水产品之间 3 个指标的差异相对于在黄河源区而言较

小，均能较好地反映站点观测降水的时程变化。除了两种 TMPA 数据在瑞金站处的 BIAS 都超过了 20%，较其他站区别明显外，赣江上游区的 6 个站点处几种卫星的月降水数据统计指标差异不明显。因此，4 种卫星的月降水数据在赣江上游区的适用性较黄河源区的适用性更好。IMERG_Final 卫星降水产品在两个流域的统计指标精度最高，TMPA 3B42V7 与 CMORPH_CRT 次之。

表 3.2 黄河源区 13 个站点处卫星的月降水数据精度指标

雨量站	卫星降水产品	CC	BIAS (%)	RMSE (mm)	雨量站	卫星降水产品	CC	BIAS (%)	RMSE (mm)
红原	TMPA 3B42V7	0.788	17.7	76.4	玛沁	TMPA 3B42V7	0.803	13.7	55
	TMPA 3B42RT	0.482	84.4	122.6		TMPA 3B42RT	0.476	92.9	110.6
	CMORPH_CRT	0.756	-9.4	83.1		CMORPH_CRT	0.794	-6.8	83.8
	IMERG_Final	0.869	-5.7	61.6		IMERG_Final	0.887	-0.1	33.2
久治	TMPA 3B42V7	0.815	13.6	60.1	河南	TMPA 3B42V7	0.827	23.4	44.7
	TMPA 3B42RT	0.687	74.4	92.7		TMPA 3B42RT	0.689	49.2	66.4
	CMORPH_CRT	0.797	-30.4	82.1		CMORPH_CRT	0.753	-22.1	72.7
	IMERG_Final	0.883	-5.6	44.1		IMERG_Final	0.883	-6.9	39.9
若尔盖	TMPA 3B42V7	0.823	9	50.5	玛多	TMPA 3B42V7	0.795	43.1	45.4
	TMPA 3B42RT	0.668	43.7	64.9		TMPA 3B42RT	0.25	180.1	127.3
	CMORPH_CRT	0.764	-8.4	74.8		CMORPH_CRT	0.769	-10	68.3
	IMERG_Final	0.866	-3.8	63.9		IMERG_Final	0.861	10.3	45.8
达日	TMPA 3B42V7	0.805	-0.9	59.7	同德	TMPA 3B42V7	0.753	29	75.3
	TMPA 3B42RT	0.452	90.5	115.3		TMPA 3B42RT	0.578	62.3	75
	CMORPH_CRT	0.772	-28.3	63.7		CMORPH_CRT	0.741	-27.4	69.3
	IMERG_Final	0.87	-13.8	58.8		IMERG_Final	0.871	-2.4	44.4
甘德	TMPA 3B42V7	0.784	12	61.8	泽库	TMPA 3B42V7	0.791	-8.4	56.8
	TMPA 3B42RT	0.504	104.5	114.8		TMPA 3B42RT	0.524	42.5	84.3
	CMORPH_CRT	0.756	-20.2	70.5		CMORPH_CRT	0.74	-11.3	68.1
	IMERG_Final	0.851	-6.6	62.5		IMERG_Final	0.873	-2.5	44.5
玛曲	TMPA 3B42V7	0.788	21.3	74.5	贵南	TMPA 3B42V7	0.768	12.6	63.4
	TMPA 3B42RT	0.676	57.9	71.4		TMPA 3B42RT	0.503	49.4	68.2
	CMORPH_CRT	0.728	-11.4	65.9		CMORPH_CRT	0.741	-1.9	73.1
	IMERG_Final	0.859	3.5	65.3		IMERG_Final	0.87	2.1	43.6

（续表）

雨量站	卫星降水产品	CC	BIAS（%）	RMSE（mm）	雨量站	卫星降水产品	CC	BIAS（%）	RMSE（mm）
兴海	TMPA 3B42V7	0.779	15.9	58.9	流域平均	TMPA 3B42V7	0.794	15.5	60.2
	TMPA 3B42RT	0.505	51	60.2		TMPA 3B42RT	0.538	75.6	90.3
	CMORPH_CRT	0.734	5.4	66.9		CMORPH_CRT	0.757	−14	72.5
	IMERG_Final	0.881	0.3	34.8		IMERG_Final	0.871	−2.4	49.4

表 3.3　赣江上游区 6 个站点处卫星的月降水数据精度指标

雨量站	卫星降水产品	CC	BIAS（%）	RMSE（mm）	雨量站	卫星降水产品	CC	BIAS（%）	RMSE（mm）
安远	TMPA 3B42V7	0.909	0.2	43.6	会昌	TMPA 3B42V7	0.917	14.0	44.0
	TMPA 3B42RT	0.854	2.1	56.3		TMPA 3B42RT	0.825	13.7	61.5
	CMORPH_CRT	0.878	−9.7	50.0		CMORPH_CRT	0.923	2.8	39.3
	IMERG_Final	0.925	−0.6	38.6		IMERG_Final	0.927	3.5	38.4
于都	TMPA 3B42V7	0.912	10.1	38.2	瑞金	TMPA 3B42V7	0.884	23.7	50.9
	TMPA 3B42RT	0.828	13.6	60.1		TMPA 3B42RT	0.826	25.7	67.8
	CMORPH_CRT	0.877	−3.8	43.3		CMORPH_CRT	0.878	8.3	49.6
	IMERG_Final	0.925	7.8	35.8		IMERG_Final	0.943	8.0	36.7
宁都	TMPA 3B42V7	0.896	−6.5	51.7	石城	TMPA 3B42V7	0.938	5.0	39.9
	TMPA 3B42RT	0.858	−2.2	66.8		TMPA 3B42RT	0.847	12.2	75.4
	CMORPH_CRT	0.881	−12.5	54.8		CMORPH_CRT	0.905	−6.3	48.0
	IMERG_Final	0.936	−1.1	40.0		IMERG_Final	0.958	9.9	35.8
流域平均	TMPA 3B42V7	0.909	7.7	447					
	TMPA 3B42RT	0.84	10.9	64.7					
	CMORPH_CRT	0.89	−3.5	47.5					
	IMERG_Final	0.936	4.6	37.6					

除了各卫星降水数据在两个典型气候特征流域站点处的时变特征外，本书还分析了卫星降水数据在黄河源区和赣江上游区不同空间位置处的变化差异，如图 3.3、图 3.4 所示。由图 3.3 可知，TMPA 3B42V7、CMORPH_CRT 两种卫星降水产品的月降水数据在黄河源区的 BIAS 空间分布格局比较分明，流域西部 BIAS 小于 0，而东部 BIAS 大于 0；TMPA 3B42RT 全流域 BIAS 均大于 0，且南部偏差更大；IMERG_Final 的 BIAS 在全流域大部分区域都集中在－10%～10%之间，没有显著的偏大/偏小趋势。在 CC 方面，两种 TMPA 卫星的月降水数据在流域的西北部是低值区，

东部区域的 CC 较高；CMORPH_CRT 与 IMERG_Final 的 CC 没有明显的区域划分。IMERG_Final 和 CMOPRH_CRT 在流域绝大部分区域的 CC 介于 0.85～0.9 和 0.75～0.8。TMPA 3B42RT 的 CC 最差且空间幅度较大，在 0.25～0.73 之间。在 RMSE 方面，除了 TMPA 3B42RT 外的 3 种卫星降水数据的 RMSE 在黄河源区中部较小，东西部较大。IMERG_Final 在 20～40 mm 之间，TMPA 3B42V7 以及 CMORPH_CRT 的 RMSE 大部分介于 40～60 mm；TMPA 3B42RT 的 RMSE 在黄河源区东北部相对较小，介于 40～80 mm 之间，西南部 RMSE 较大，最大处超过 170 mm。

由图 3.4 可知赣江上游区 4 种卫星降水产品月尺度统计指标的空间分布情况。对 BIAS 而言，TMPA 3B42V7 和 TMPA 3B42RT 的空间分布趋势相同，CMORPH_CRT 与 IMERG_Final 的空间分布较为相似。TMPA 3B42V7、TMPA 3B42RT 和 IMERG_Final 较地面点空间分布而言有不同程度的高估，IMERG_Final 高估趋势不明显，而 CMORPH_CRT 则有所低估。从各卫星产品的 CC 空间分布可以看出，IMERG_Final 与 TMPA 3B42V7 的相关系数较高，流域大部分区域的 CC 大于 0.85；CMORPH_CRT 的值次之；TMPA 3B42RT 的相关系数空间分布较差，全流域介于 0.75～0.85 之间。在 RMSE 方面，流域内部区域较边缘地区精确度更高，IMERG_Final 的 RMSE 在赣江上游区不超过 100 mm，整体结果最高，CMORPH_CRT 的 RMSE 个别区域在 100～120 mm 之间；TMPA 3B42RT 的 RMSE 精度在 4 种卫星降水产品中最低。总体而言，IMERG_Final 的月尺度降水统计指标空间分布在黄河源区和赣江上游区均无极端值，适用性强。TMPA 3B42V7 和 CMORPH_CRT 在两个流域也有较好的表现，而实时卫星降水产品 TMPA 3B42RT 在两个流域的空间统计精度较差，适用性较差。

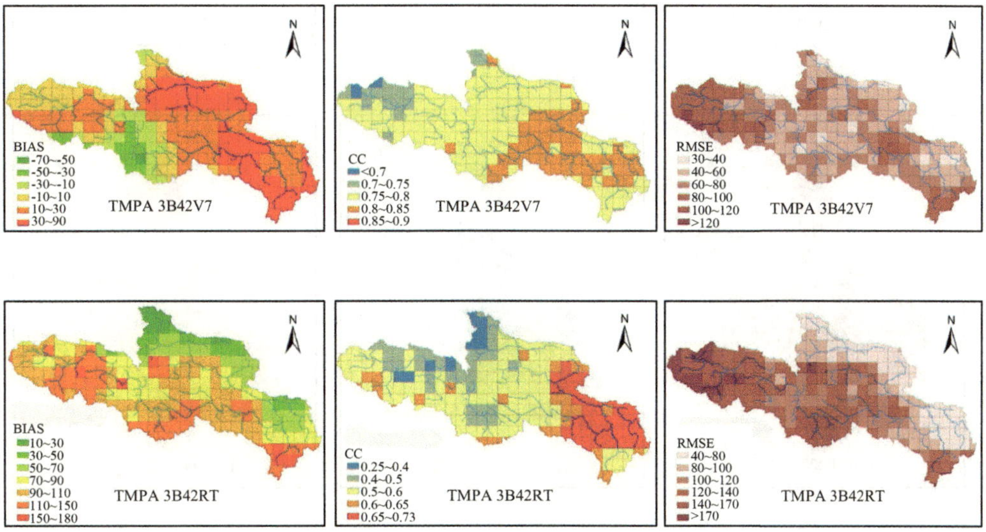

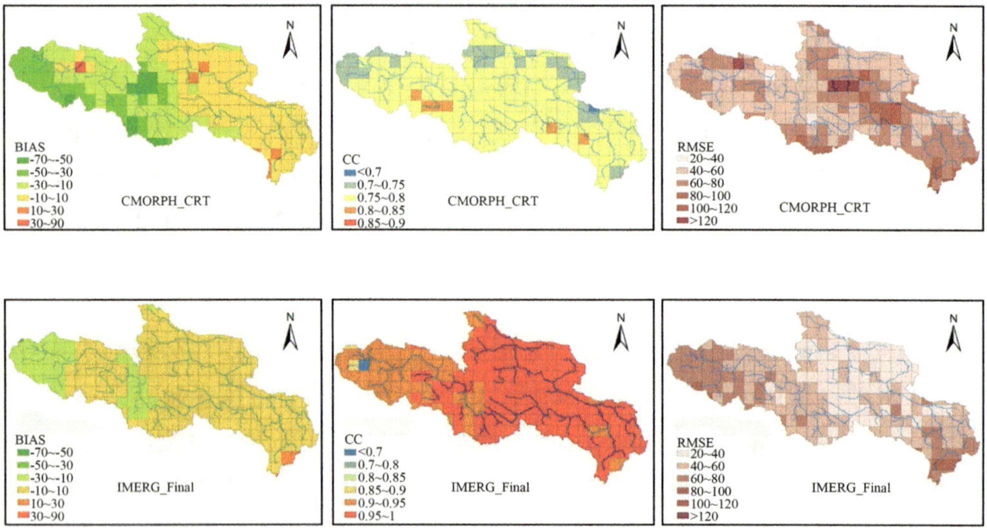

图 3.3　黄河源区卫星月降水数据不同统计指标的空间分布

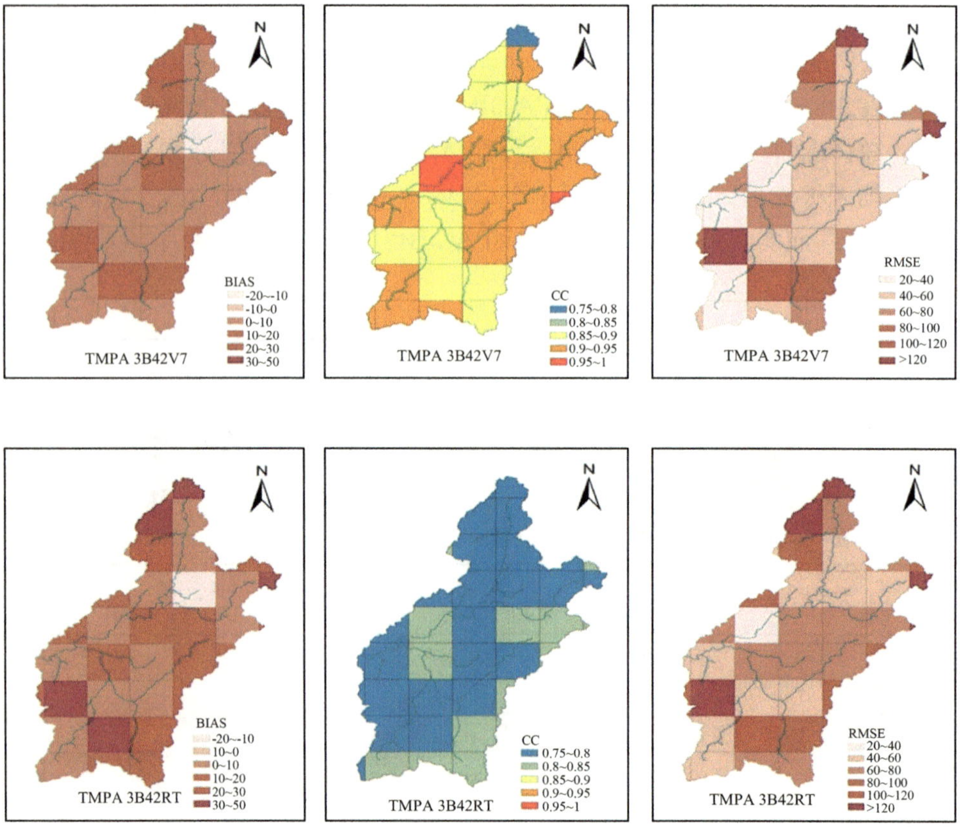

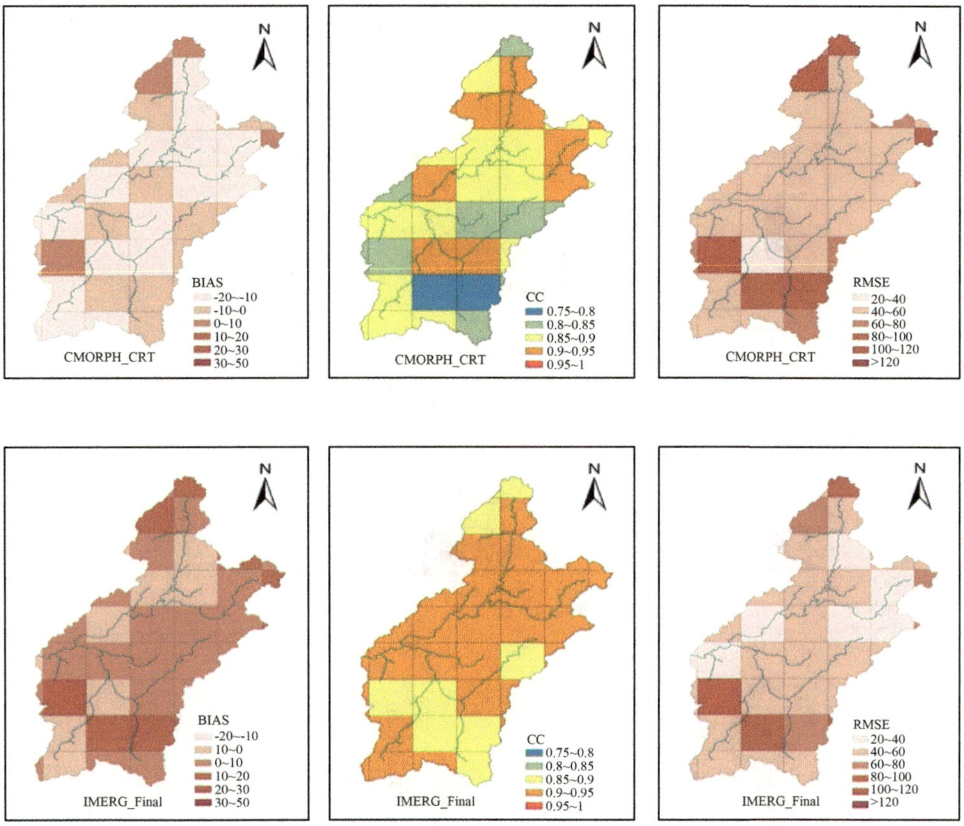

图 3.4　赣江上游区卫星月降水数据不同统计指标的空间分布

3.3.3　日尺度降水估计误差及空间分布

图 3.5、图 3.6 给出了黄河源区与赣江上游区 0.25°×0.25°栅格单元尺度上 4 种卫星降水与地面雨量站点降水在日尺度上的散点图。由图 3.5 可知，TMPA 3B42RT 在黄河源区所有站点处的日降水散点图均有明显的高估趋势，与站点降水的相关性非常差。除 TMPA 3B42RT 外，其余卫星降水产品在久治、达日、玛沁、泽库和兴海站点的相关性较其余站更好。IMERG_Final 卫星降水产品在各站点处的散点图较其余产品的而言更接近 45°线附近。TMPA 3B42V7 在个别站点处略微高估了日降水量，而 CMORPH_CRT 在河南、玛多站有低估日降水量的趋势。4 种卫星降水产品在赣江上游区站点处的降水散点图与黄河源区的散点图相比相关性更高，且没有明显的系统性高估趋势，适用性更好。此外，各个卫星降水产品在赣江上游区的差异性没有在黄河源区明显，说明不同卫星降水产品在不同区域的精度不同，因此需要具体流域具体分析(图 3.6)。

黄河源区与赣江上游区卫星降水产品日精度评估结果如图 3.7 所示。对黄河源区而言，4 种卫星降水产品对应的 CC 范围在 0.1～0.5 之间，IMERG_Final 的相关性

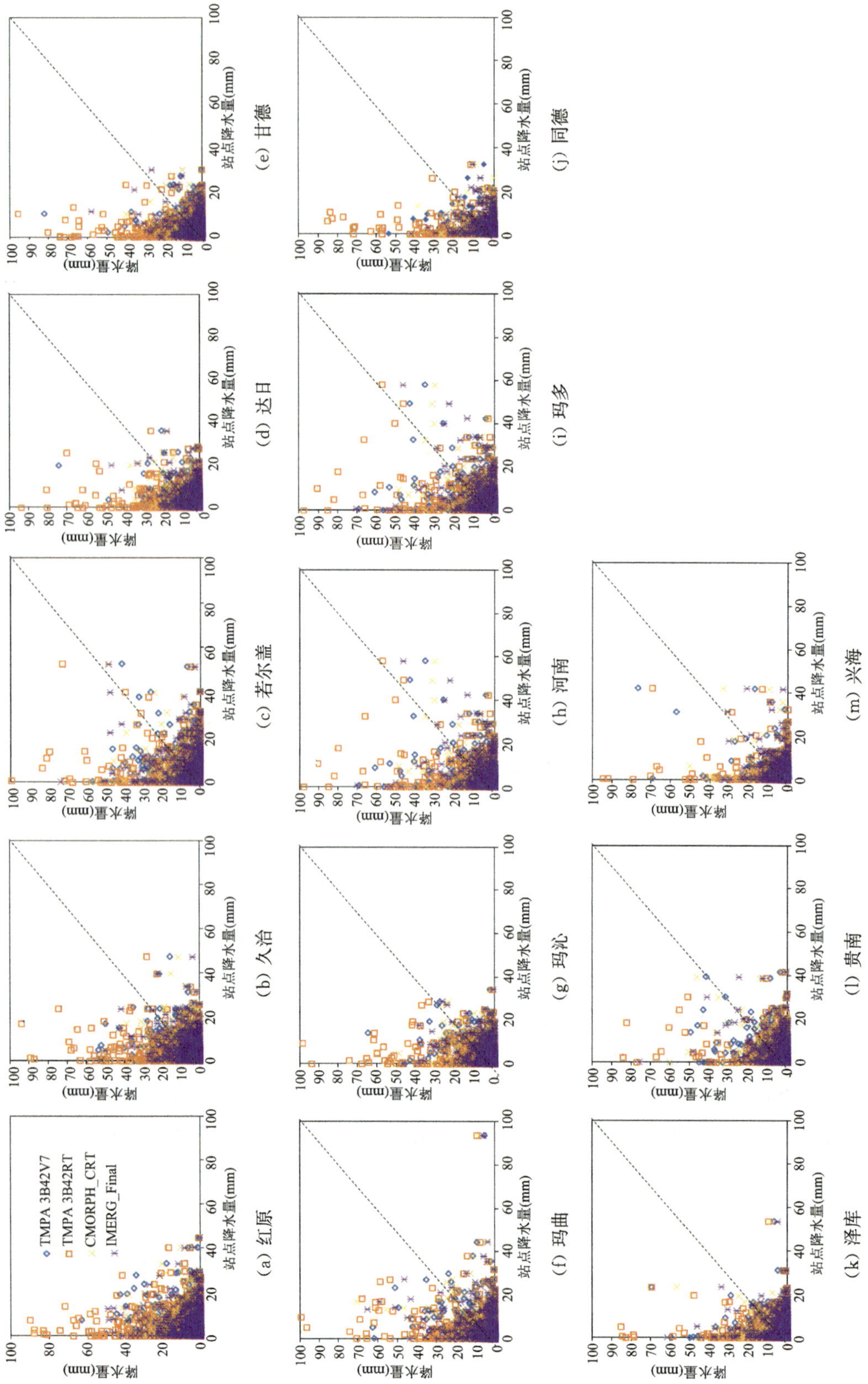

图 3.5 黄河源区卫星日降水量与站点降水量散点图

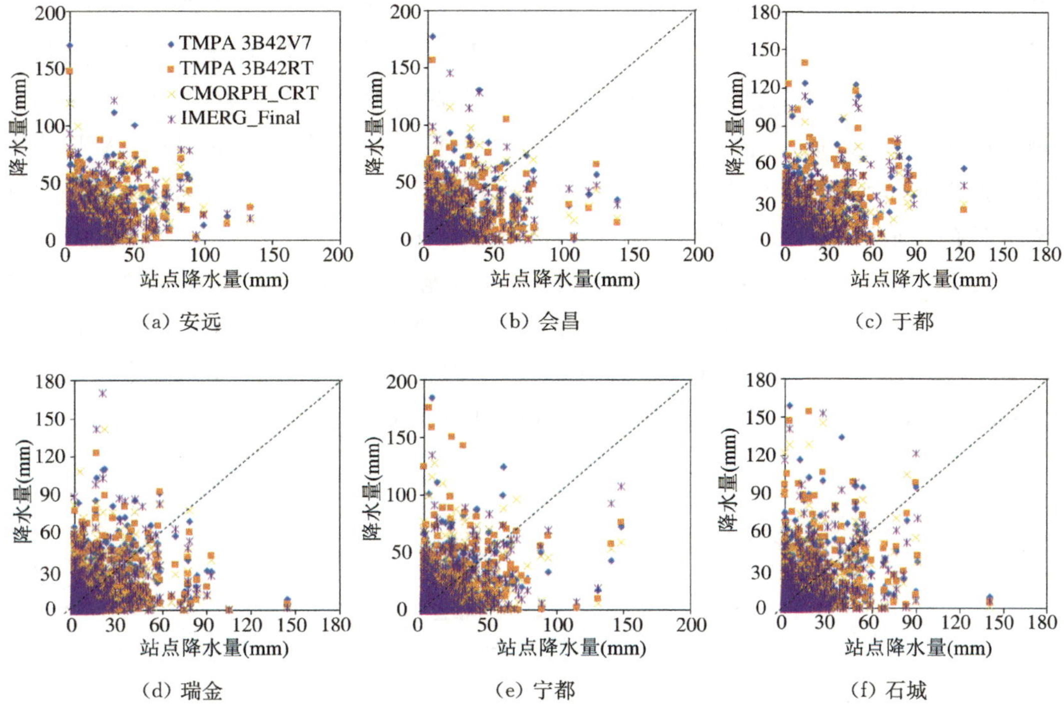

图 3.6　赣江上游区卫星日降水量与站点降水量散点图

最好(均值 0.36),而 TMPA 3B42RT 最差(均值 0.21),说明在黄河源区各卫星降水产品日降水数据与站点处的观测数据相关性较低。TMPA 3B42RT 的 BIAS 远大于其余 3 个卫星降水产品的 BIAS,在玛多站更有 180%的误差,BIAS 的均值也达到了 75.6%,有明显的系统性偏差;IMERG_Final 在各站点处的 BIAS 绝对值小于10.5%,均值为−2.4%,位列第一;TMPA 3B42V7 在大部分站点处的 BIAS 大于 0,均值分别为 15.5%和 16.4%,CMORPH_CRT 则在 12 个站点处有低估趋势,BIAS 的均值为−14%。4 种卫星降水产品的 RMSE 统计结果趋势和 CC 与 BIAS 一致,TMPA 3B42RT 的离散程度远高于其他,CMORPH_CRT 和 IMERG_Final 的 RMSE 均值小于 20 mm,与站点观测降水的离散程度较低。就降水探测能力而言,TMPA 系列两种产品的 POD 趋势一致,IMERG_Final 和 CMORPH_CRT 的 POD 较高,但在玛多站 CMORPH_CRT 的 POD 与其他站相比有明显差异,并且所有卫星降水产品的 POD 在玛多站的探测能力均有下降。FAR 方面,IMERG_Final、TMPA 3B42V7 和 CMORPH_CRT 的误报率相近。综合指数 CSI 反映出 IMERG_Final 的统计结果略高于其余的卫星降水产品,相对于精度统计指标(CC、BIAS、RMSE)而言,几种卫星降水数据对有无降水日的探测能力差异不显著,也侧面反映了卫星降水产品观测与反演技术的稳定性较强。

赣江上游区 4 种卫星降水产品日精度普遍高于黄河源区的日精度[图 3.7(b)]。IMERG_Final、TMPA 3B42V7 和 CMORPH_CRT 的 CC 均值大于 0.45。TMPA

3B42V7 和 TMPA 3B42RT 的 BIAS 在瑞金站有较大的误差，分别为 23.7%和 25.8%，二者在所有站点的 BIAS 均值为 7.7%和 10.9%。IMERG_Final 在赣江上游区所有站点处的 BIAS 差异不大，误差的绝对值不超过 10%。CMORPH_CRT 在 4 个站点处的 BIAS 为负，均值为−3.5%。对于均方根误差 RMSE，两种 TRMA 卫星降水数据的 RMSE 略大于其余两种卫星降水产品的 RMSE，所有卫星降水产品的 RMSE 在各站点间的变化趋势大致一致，IMERG_Final 与站点观测降水的偏差最小，均值为 11.7 mm。几种卫星降水产品在降水探测能力方面，IMERG_Final 的 POD 结果优于其余的卫星降水产品，均值为 0.61。FAR 方面，IMERG_Final、TMPA 3B42V7、TMPA 3B42RT 和 CMORPH_CRT 的误报率相近。从 CSI 结果来看，IMERG_Final 结果较好，TMPA 3B42V7 与 CMORPH_CRT 次之。

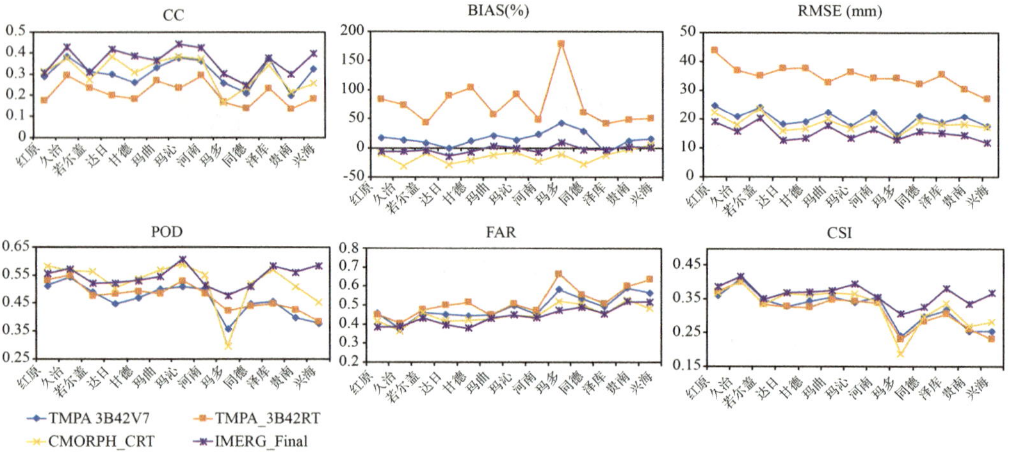

(a) 黄河源区

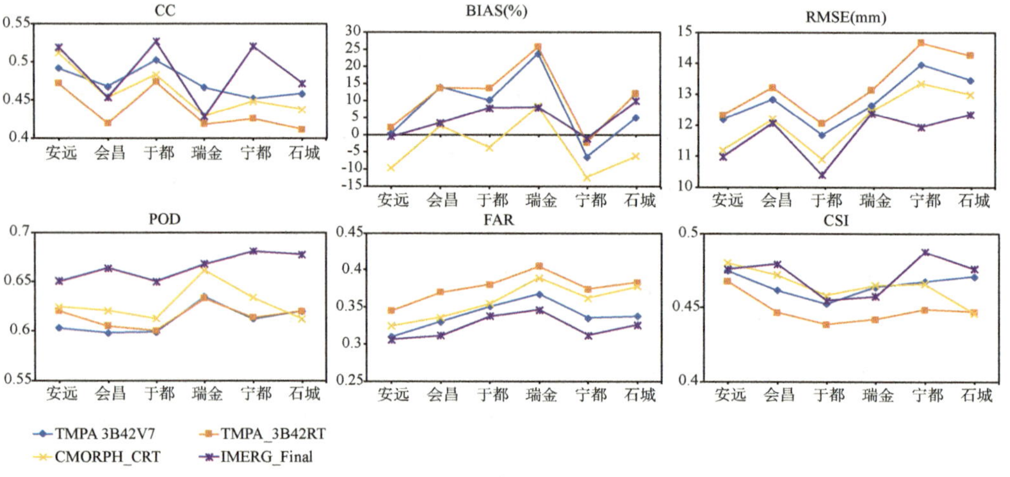

(b) 赣江上游区

图 3.7 黄河源区与赣江上游区卫星降水产品日精度评估结果

图 3.8 中的混淆矩阵总结了各卫星降水产品重现地面站网观测降水量的能力。x 轴(列)是雨量站的观测降水量，y 轴(行)是估计的降水量。例如，第一列显示了当雨量计实测的雨量值<0.1 mm 时，卫星降水估计的分布。理想情况下，如果左下方的单元格值为 1，则卫星降水产品完美匹配，即有最高探测能力。如果矩阵的对角网格值全是 1，那么匹配是绝对完美的。TMPA 3B42V7、CMORPH_CRT 和 IMERG_Final 对第一类降水(<0.1 mm)有较高的探测能力，分别为 74%、77% 和 79%，而 TMPA 3B42RT 则具有较低的探测能力(24%)。需要注意的是，TMPA 3B42RT 在观测降水<0.1 mm 的类型下，有 36% 的降水估计大于 20 mm，在第二类降水(0.1～1 mm)情景下也有 65% 的中等降雨水值(5～20 mm)误测，这也解释了 TMPA 3B42RT 造成系统性偏大的原因。对于较高的降水类型(>30 mm)，IMERG_Final 的探测率为 34%，在所有卫星降水产品中最高。TMPA 3B42V7 为 20%，TMPA 3B42RT、CMORPH_CRT 对大雨等级的探测能力较低，分别为 14% 和 12%。此外，4 种卫星降水产品的混淆矩阵都存在一个现象，即在每一类站点观测降水等级下，卫星降水数据在 0.1～1 mm 区间的占比(第二行)都较大，说明对于黄河源区有降水日而言，卫星降水产品估计的降水量多数在 0.1～1 mm 之间，与实际降水的相关性较差。

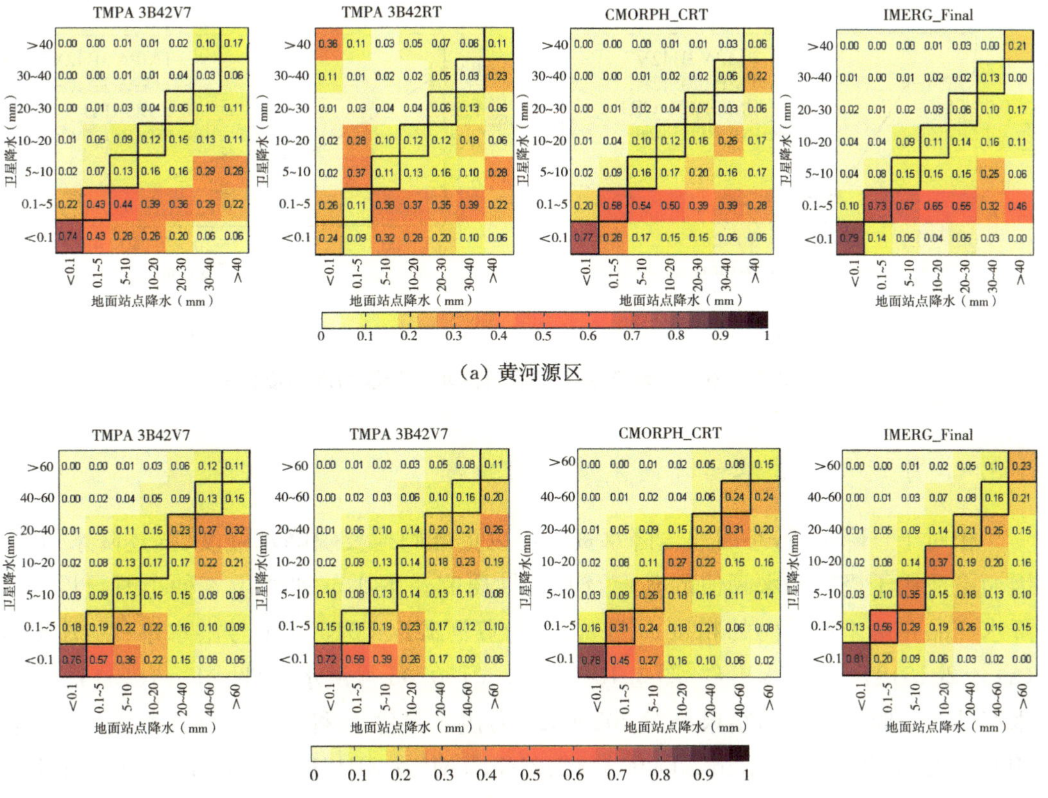

(a) 黄河源区

(b) 赣江上游区

图 3.8　黄河源区与赣江上游区日尺度卫星降水与站点观测的混淆矩阵

赣江上游区 4 种卫星降水数据对第一类降水(<0.1 mm)的探测能力强于其在黄河源区,TMPA 3B42V7、TMPA 3B42RT、CMORPH_CRT、IMERG_Final 的值分别为 0.76、0.72、0.78 和 0.81。与黄河源区相比,4 种卫星降水产品在赣江上游区有降水日的各类降水等级下没有明显的在某一区间占比较大的现象,因此准确度相关性较高,适用性与黄河源区相比更强。TMPA 3B42V7 与 TMPA 3B42RT 探测能力的模式相似,CMORPH_CRT 和 IMERG_Final 对每个级别降水的探测能力都较强,并且多数没有准确探测的卫星降水值集中在站点观测值±1~2 个等级内。

卫星降水产品在两个流域的探测能力通过在不同降水等级下的准确度进一步评估,如图 3.9 所示。可以更直观地分析各卫星降水在每类降水等级下的准确度(对角线网格值)的差异。总体而言,所有 4 种卫星降水产品对黄河源区中高类别降水(5~10 mm、10~20 mm、20~30 mm)的降水探测能力较差。IMERG_Final 数据具有最高的探测能力,与站点观测降水的准确度最高。

在赣江上游区,IMERG_Final 在 0.1~20 mm 的 3 类降水量区间以及高降水量类型(>60 mm)比其余各卫星降水数据的准确度表现优异,而 TMPA 3B42V7、TMPA 3B42RT 探测赣江上游区中低类别的降水(0.1~5 mm、5 ~10 mm、10~20 mm)能力略显不足。

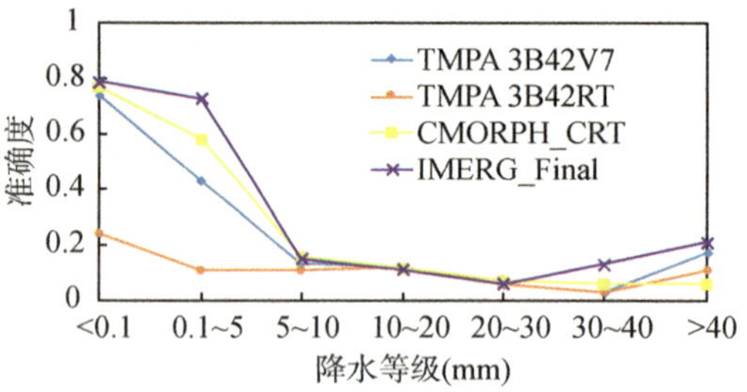

(a) 黄河源区

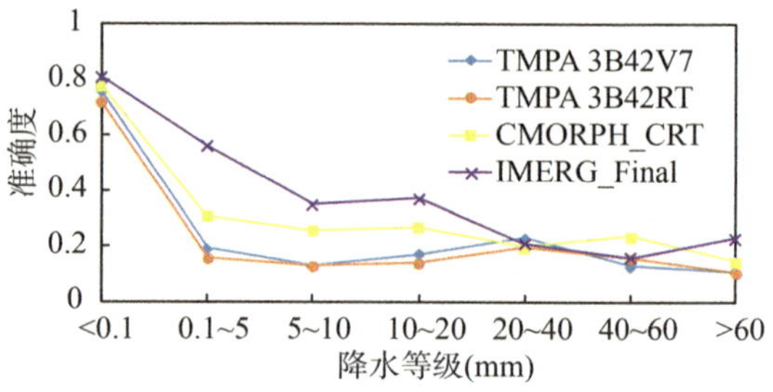

(b) 赣江上游区

图 3.9　不同降水等级下卫星日降水探测能力准确度比较

3.3.4　小时尺度降水估计误差及空间分布

相对于日降水量,小时尺度降水资料可以更准确地反映降水强度、描述降水过程,因而更适用于极端降水阈值的确定及其特性研究。本小节评估了 4 种小时尺度卫星降水产品在两个流域内的精度。图 3.10 为黄河源区 20150921 号洪水事件[图 3.10(a)]、20161014 号洪水事件[图 3.10(b)]和 20180706 号洪水事件[图 3.10(c)]卫星降水产品 3 小时精度评估结果。对 20150921 号洪水事件,4 种卫星降水产品的 CC 均值相差不大,介于 0.4~0.46, TMPA 3B42V7、TMPA 3B42RT 及 CMORPH_CRT 的 BIAS 小于 0,分别为−5.2%、−2.4%和−7.1%,IMERG_Final 的 BIAS 为 2.1%。玛多站各卫星降水产品的值较观测值误差最大,对应 TMPA 3B42RT 和 CMORPH_

CRT 的 BIAS 为 －27.9% 和 －22.4%。IMERG_Final 的 RMSE 最小，TMPA 3B42V7 和 CMORPH_CRT 次之，TMPA 3B42RT 的 RMSE 相对较大。探测能力方面，IMERG_Final 的探测能力最好，3 个指标的值较另外 3 种产品的值有较明显的差异。就 20161014 号洪水事件而言，4 种卫星降水产品的 CC 值较低，单站的 CC 最大值不超过 0.35，TMPA 3B42V7、TMPA 3B42RT、CMORPH_CRT 和 IMERG_Final 的均值分别为 0.24、0.12、0.17、0.2；TMPA 3B42V7 和 CMORPH_CRT 的 BIAS 为 －9.2%和－6.2%，TMPA 3B42RT 和 IMERG_Final 的 BIAS 为 13.9%、6.8%，TMPA 3B42RT 有 3 个站点处的 BIAS 超过 30%。此外，在玛多站和兴海站处 TMPA 3B42RT 的 RMSE 显著大于其他站点的 RMSE，其余 3 种卫星产品的 RMSE 在 13 个站点处的幅度较小，差异不明显。4 种卫星降水产品的探测能力较 20150921 号洪水事件也有所降低，TMPA 3B42V7 和 IMERG_Final 相对而言探测能力高于另外两个融合结果，POD 均值大于 0.4，FAR 均值小于 0.7，CSI 均值大于 0.25。TMPA 3B42RT 的 3 个探测指标较低，站点均值分别为 0.26、0.8 和 0.14。对 20180706 号洪水事件，TMPA 3B42V7 与 TMPA 3B42RT 在各站点处的精度统计指标趋势基本一致，CC、BIAS 和 RMSE 的均值分别为 0.34、0.31，－9.9%、－13.8%，2.35 mm、2.52 mm。CMORPH_CRT 与 IMERG_Final 的精度较高，同时二者的降水探测能力也略好于两个 TRMM 产品。通过三场洪水事件的分析可以得出，小时尺度的实时产品 TMPA 3B42RT 在黄河源区没有系统性高估的趋势，并且与其余 3 种滞时产品的差异没有在日尺度的差异明显。

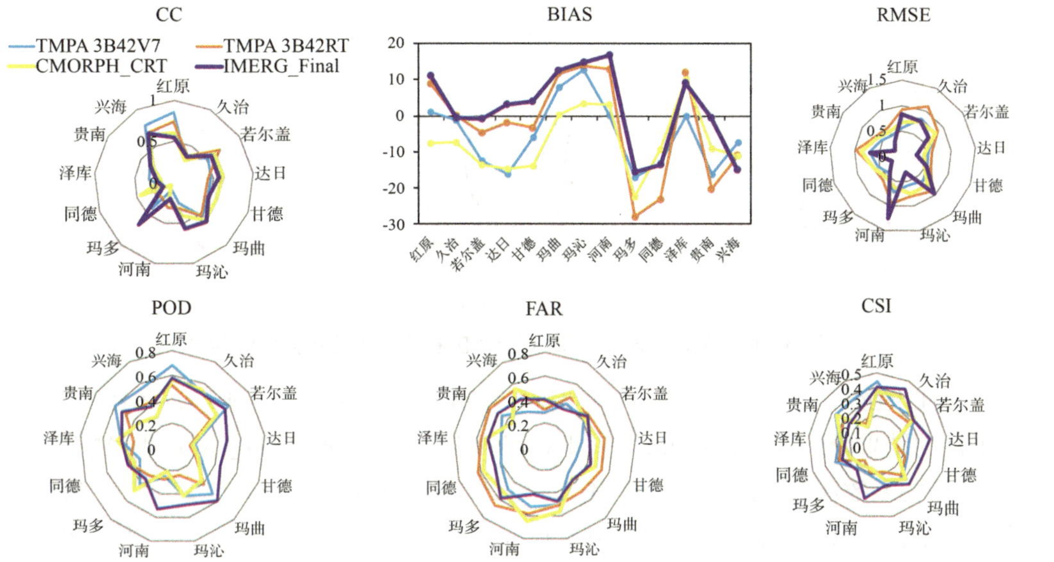

(a) 20150921

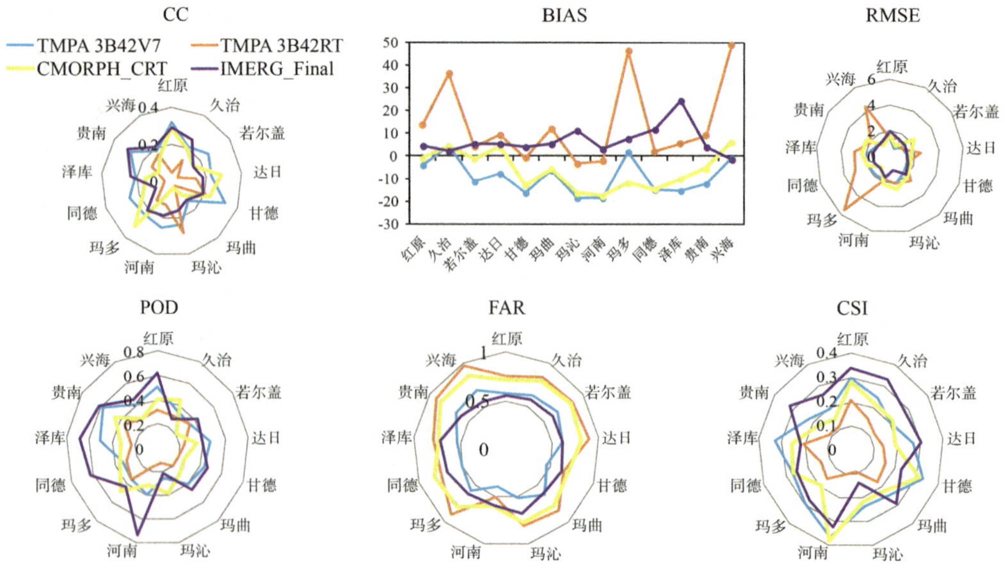

(b) 20161014

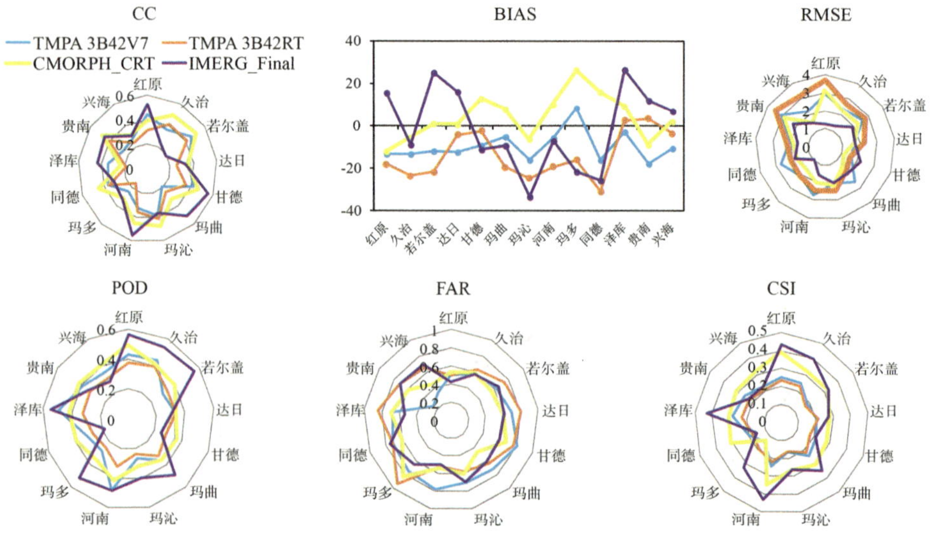

(c) 20180706

图 3.10　黄河源区三场洪水事件卫星降水产品精度评估结果

赣江上游区三场洪水事件的 3 小时精度评估结果如图 3.11 所示。20120509 号洪水事件的结果较差，TMPA 3B42V7、TMPA 3B42RT、CMORPH_CRT 和 IMERG_Final 的相关系数(CC)在各站点处均不超过 0.3，均值分别为 0.21、0.17、0.17 和 0.22。实时产品 TMPA 3B42RT 的 BIAS 在 7 个站点处均低于 −10%，平均误差为 −21.1%，明显地低估了这场降水事件。各产品的 RMSE 统计指标均值大于 4 mm，卫星产品间的差异不明显。IMERG_Final 的 POD 均值为 0.4，明显地高于另外 3 种产品的均值，TMPA 3B42RT 的 FAR 较其余三者略低，均值为 0.8，而 4 种产品的 CSI 差异不显著，均值介于 0.2～0.26。对于 20130713 号洪水事件，4 种卫星降水产品的精度指标与探测能力指标均有较好的结果，CC 的均值分别为 0.55、053、0.54 和0.59，各站点处 BIAS 的误差绝对值小于 15%，安远站的误差幅度较大。4 种卫星产品的 RMSE 趋势一致，介于 1.23～1.37 mm。IMERG_Final 和 CMORPH_CRT 的 POD 大于 0.5，除 TMPA 3B42RT 外，其余 3 种产品的 FAR 小于 0.6，CSI 大于 0.25。就 20140521 号洪水事件而言，CMORPH_CRT 的 CC 均值最大，为 0.43；其次是 IMERG_Final；TMPA 3B42V7 与 TMPA 3B42RT 的 CC 在各站点处的趋势基本一致。所有 4 种卫星降水产品的 BIAS 均值为－13.5%、－14.8%、－10.5%和－6.8%，瑞金、宁都、石城、于都和峡山站对应 4 种降水的 BIAS 均小于 0。各降水产品的探测指标(POD、FAR、CSI)在各站点的趋势基本一致，差异也不明显。总体而言，各卫星降水产品在石城、于都和峡山站点处对三场洪水事件的降水估计误差多数为负数，于都站和峡山站的相关系数也略低于其余站点处的统计结果。

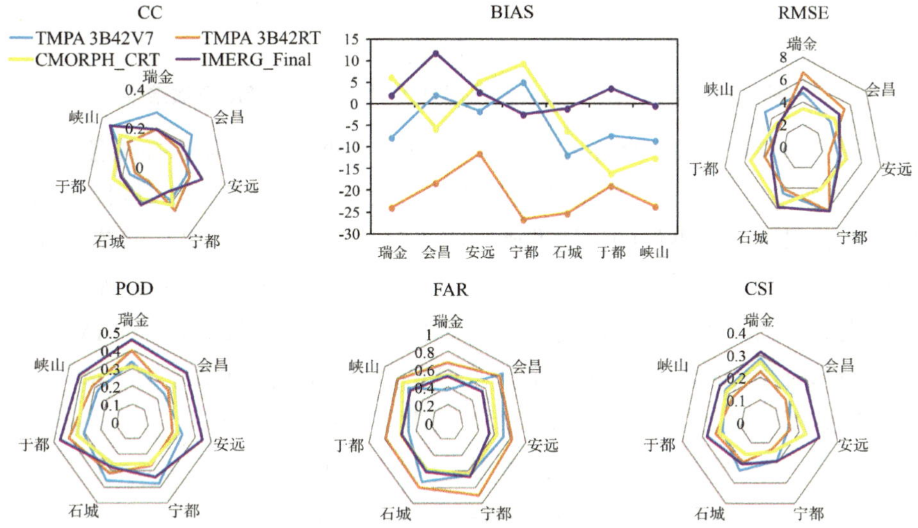

(a) 20120509

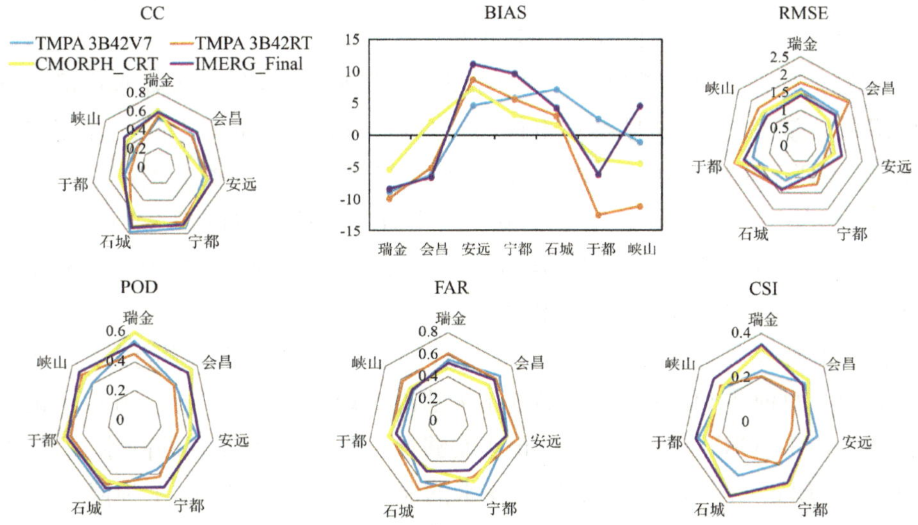

(b) 20130713

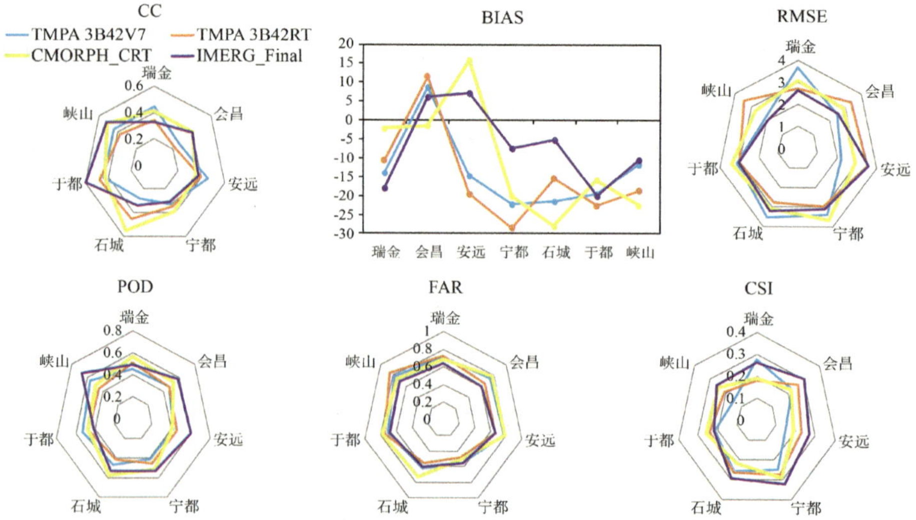

(c) 20140521

图 3.11　赣江上游区三场洪水事件卫星降水产品精度评估结果

黄河源区和赣江上游区各卫星降水产品对三场洪水事件降水探测能力的混淆矩阵如图 3.12 所示。与日尺度的混淆矩阵统计结果(图 3.8)相比,小时尺度的卫星降水产品对于次日尺度降水事件的探测准确度明显高于日尺度的结果。就黄河源区而言,对于 20150921 号洪水事件,两种 TRMM 卫星产品对无降水时段的探测率高达 98%,但对于中大类别的降水探测准确度不超过 20%;而 CMORPH_CRT 和 IMERG_Final 数据对无降水时段探测的准确度低于 TRMM 系列产品,但是对于 5 mm/3 h 以上的降水探测准确度较高,且 IMERG_Final 对大雨等级(>10 mm/3 h)的探测准确度有 20%。相对于 20150921 号洪水事件,各卫星产品对 20161014 号洪水事件的探测能力有所下降。4 种卫星降水产品对无降水时段的结果介于 0.83～0.86,对于超过 4 mm/3 h 的降水事件,各卫星产品的探测准确度均低于 0.1。除 IMERG_Final 外,TMPA 3B42V7、TMPA 3B42RT 和 CMORPH_CRT 探测 1～2 mm 和 2～4 mm 等级的降水准确度也低于 15%。可以看出,对于量级较小的降水事件,各卫星降水产品的探测能力有所降低。就 20180706 号洪水事件而言,两个 TRMM 系列产品的探测能力低于 CMORPH_CRT 和 IMERG_Final,二者对于大于 10 mm/3 h 类别的降水探测能力均为 0.04,而另外二者的结果为 0.18 和 0.21。IMERG_Final 对 0.1～1 mm、1～5 mm、5～10 mm 3 个类别的降水探测能力较强,分别为 0.27、0.38、0.18,其余 3 种卫星降水产品在这 3 个类别的降水探测能力相似。

在赣江上游区,4 种卫星降水产品对 20120509 号洪水事件探测能力是三场洪水事件中最低的。两种 TRMM 卫星产品基本无法准确地探测到 5 mm/3 h 以上的降水事件,而 CMORPH_CRT 与 IMERG_Final 能够捕捉到这 3 个类别的降水,但是准确度很低,最高不超过 0.15。在站点观测降水的每一类降水等级下,4 种降水产品均有 50%的比重位于小于 0.5 mm/3 h 的区间,说明对于 20120509 号洪水事件,4 种卫星降水产品探测能力较低，且有低估站点实测降水的现象。4 种卫星降水产品在 20130713 号洪水事件的混淆矩阵结果显示其探测能力较好。各产品在 5 mm/3 h 以下类别的降水探测准确度较好，除 TMPA 3B42RT 外，其余 3 种卫星降水产品对中等以上降水的探测能力也比较准确，其中 IMERG_Final 对 10～20 mm 和大于 20 mm 的降水类别探测能力高于另外 3 种产品。就 20140521 号洪水事件而言，4 种卫星降水产品对无降水时段的探测值基本相同。两个 TRMM 系列产品对各类别站点观测降水的探测能力相似，CMORPH_CRT 对 0.5～5 mm 类别的降水探测能力最强，为 0.41。

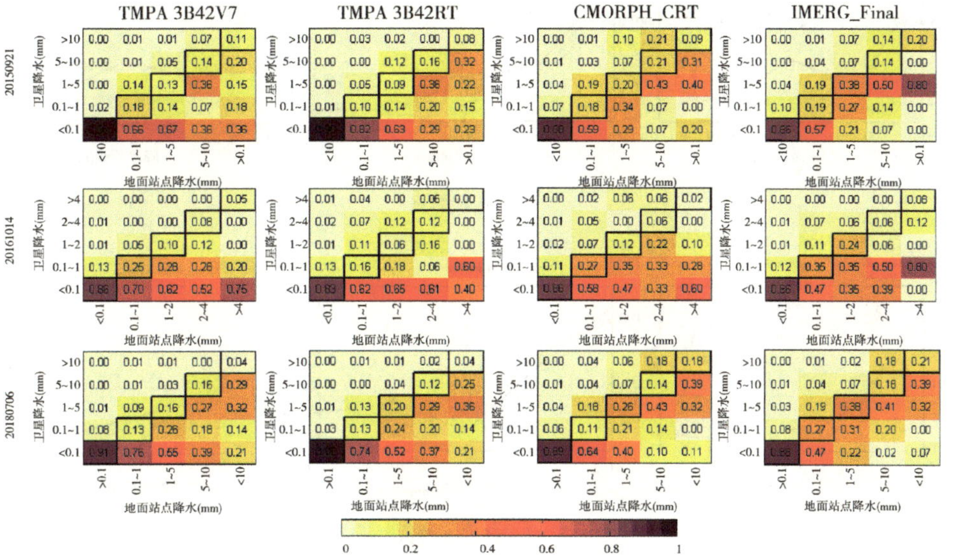

(a) 黄河源区

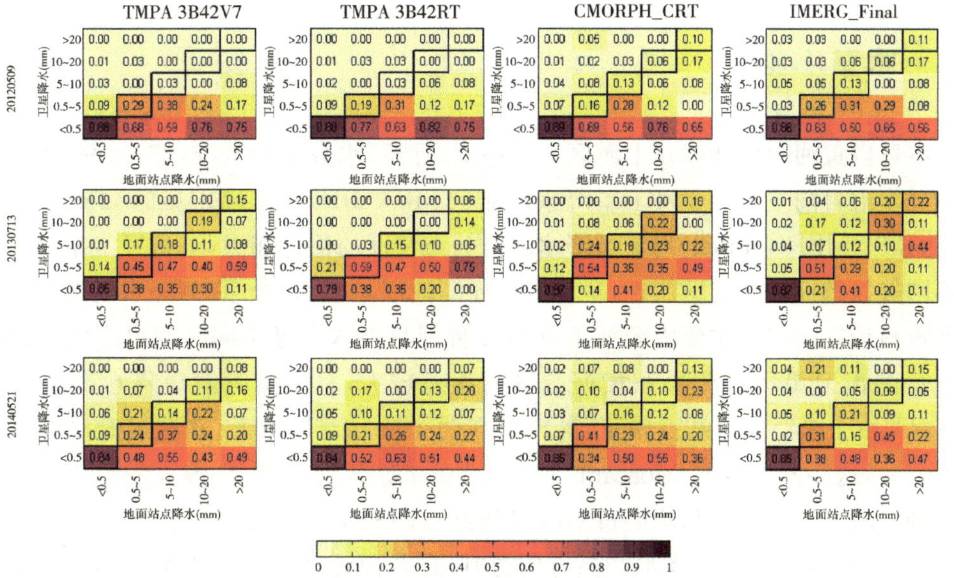

(b) 赣江上游区

图 3.12　黄河源区与赣江上游区小时尺度卫星降水与站点观测的混淆矩阵

从不同降水等级下小时尺度卫星降水在黄河源区和赣江上游区探测能力准确度比较(图 3.13)来看,所有 4 种卫星降水产品对两个流域的三场洪水事件不同等级下洪水的探测能力趋势基本一致,并且各产品之间的探测能力差异没有日尺度的差异显著,这显示出对于小时尺度的降水事件,各卫星降水产品的捕捉能力较强且产品之间的差异性不明显。

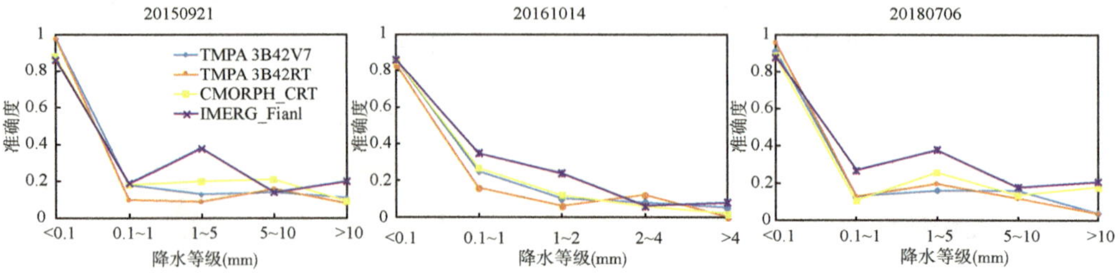

(a) 黄河源区

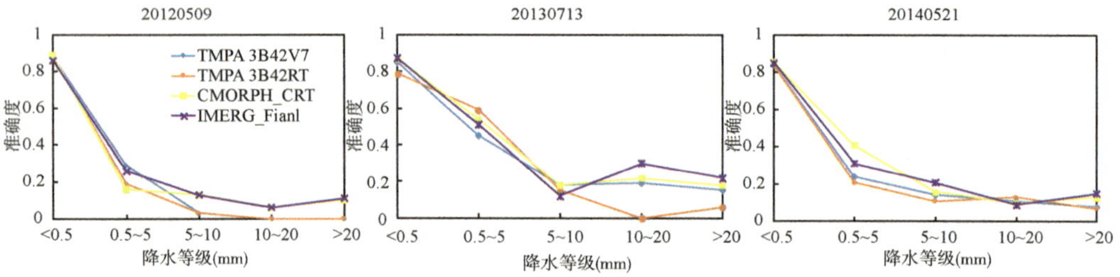

(b) 赣江上游区

图 3.13　不同降水等级下小时尺度卫星降水探测能力准确度比较

3.4　本章小结

本章以黄河源区和赣江上游区地面站网观测降水数据为基准,综合评估了月、日、小时尺度上目前主流的 4 种卫星降水产品(TMPA 3B42V7、TMPA 3B42RT、CMORPH_CRT、IMERG_Final)对流域降水时空分布特征的估计能力,分析了卫星降水产品在不同气候特征流域的适用性,也为卫星遥测数据与地面站点观测降水的融合提供了前期资料论证。研究主要内容如下:(1) 4 种卫星降水产品不同时间尺度的精度统计指标反映出卫星降水产品在黄河源区的误差较大,其中实时卫星降水产品 TMPA 3B42RT 由于未经地面站点修正,其精度在两个流域差异巨大,在黄河源区有系统性偏大误差,这些发现也与 Moazami 等[111]、Yuan 等[112]、李哲[113]等人的结论一致。其余 3 种滞时卫星降水产品均经过 GPCC 等站点的校正,精度比直接由微波遥感 PMW 率定 IR 数据组合的实时降水产品有所提升,在黄河源区适用性更强。相对于黄河源区,各卫星降水产品对赣江上游区的降水空间分布特征具有较强的动态跟踪能力,其适用性较黄河源区更强。(2) 从月尺度空间分布误差可以看出,实时产品 TMPA

3B42RT 在两个流域都有明显的高估，TMPA 3B42V7 降水与地面观测的误差为正的网格数多于误差为负的网格数，呈现高估趋势；而 CMORPH_CRT 在两个流域的 BIAS 均值为负，降水空间分布略小于实际的空间分布；IMERG_Final 在黄河源区的 BIAS 空间分布均值为－4％，在赣江上游区的值为 6.3％，误差较实际降水空间分布差异不大，也无偏大或偏小的现象。（3）根据 CC、BIAS、RMSE、POD、FAR、CSI 等评估指标，表明 IMERG_Final 在两个流域均对日降雨过程具有很好的探测能力。赣江上游区 4 种卫星降水产品日精度普遍高于黄河源区的日精度，而两个流域的降水探测能力没有明显差异。（4）日尺度混淆矩阵结果表明，卫星降水数据对有/无降水日的分类估计能力比较稳定，而随着日降水分类等级的提高，4 种卫星降水数据的估计能力降低，对大暴雨事件估计的准确度有较大不足。黄河源区卫星降水产品估计的降水量多集中于在 0.1～1 mm 之间，与实际降水的相关性较差。总体而言，IMERG_Final 在两个流域均对各级别的降水都表现出更好的辨识能力。（5）4 种 3 小时卫星降水产品能够较为有效地识别各流域三场洪水事件的降水分布特征。与日尺度相比，小时尺度实时降水产品 TMPA 3B42RT 降水数据在黄河源区无明显高估趋势。此外，对于识别次日尺度的降水事件，各卫星降水产品之间的差异不显著。两个流域三场洪水事件的混淆矩阵反映出卫星降水产品对不同等级的降水探测能力较强，尤其是无降水时段。但卫星降水产品探测不同场次洪水事件较大类别的降水能力有所差异。（6）4 种卫星降水产品在黄河源区和赣江上游区具有降水空间连续性和一定的降水辨识能力，尤其是 3 种滞时产品（IMERG_Final、TMPA 3B42V7 和 CMORPH_CRT）对各站点处降水的动态追踪能力较强。因此，进一步将卫星降水产品与地面站点观测融合对更精准地估计降水空间分布有重要意义。

第四章

卫星降水产品与地面观测数据的融合研究

4.1 本章概述

通过第三章的研究，已经证实了遥感降雨观测在空间连续性、范围尺度、时间尺度多样性等方面的优势，同时也需要指出卫星降水在降水估计方面还存在着较大的不确定性。因此，仅采用间接观测的卫星降水数据估计降水的空间分布特征难度较大。地面雨量站点观测在局部范围内精度很高，能够反映实际降水特征，但其受自身条件限制，无法表征空间范围内降水的变化过程。综上，目前的研究方向是如何将卫星降水产品与地面雨量站点观测数据有效地融合起来，扬长避短，从而更加准确地刻画降水空间分布特征。多数研究致力于地面站点对卫星降水数据的校正，或者是对单一卫星降水产品与雨量站观测数据的融合研究。然而，降水融合方法受诸如卫星降水数据来源、融合方法、不同气候类型流域等影响，有待进一步的深入研究。本章以两个典型气候特征流域（黄河源区和赣江上游区）为例，构建了基于主成分回归的卫星-站点融合模型，并分别在月、日、小时尺度进行降水空间估计效果分析，寻求各流域适用性较好的融合方案。

4.2 基于主成分回归原理的降水数据融合方法

4.2.1 融合模型介绍

“数据融合”的概念早先应用于军事、交通运输、通信、工农业等行业，随即产生一种共识性概念，称为“多源数据融合”[114]。20 世纪 70 年代，水文学者引入了融合多平台降水资料的概念，用于雷达降水与雨量站[115-117]。多源数据融合的实质是综合考虑不同观测值的优势和误差特性，降低降水估计的不确定性，最终获得研究区时空尺度上的最优降水估计结果。常用的融合方法是依靠地面降水观测数据来校正遥感降水估计结果，如概率匹配[118]、客观分析[119]、贝叶斯技术[120]、地理加权回归[116-117]等。虽然降水融合的具体方法和假设不同，但基本思路是相似的。首先，构造降水背景场；其次，利用地面实测降水信息，在一定的优化准则下对背景场进行修正，以反映降水细节；最后，获得一个降水估计场来表示真实的降水场。简而言之，合并两种类型的降水数据要经历一个相互融合的过程，以获得降水空间分布的更准确的估计。基于上述基本思想，本书在“加法模型”框架下构建了雨量计数据与卫星产品的降水融合模型，采用基于主成分回归方法的加法融合模型对黄河源区和赣江上游区的各种卫星降水产品与地面站点雨量站的数据进行合并。

4.2.2 加法模型

对一个区域的降水而言，真实降水场用 P 表示，地面的 n 个站点降水观测场记为

P_0，此外卫星降水产品的估计值为降水背景场 P_b（或称初估场）。真实降水场由降水观测场和降水背景场组合而成。降水观测场由地面雨量站点收集，精度高但在空间上不连续，且受站网稀疏程度影响；降水背景场是由卫星降水产品生成的空间连续但精确度较低的数据。

在地面某个实测点处，真实降水值与实测值和背景值的关系可通过以下两个表达式表示：

$$P_i = P_b(i) + e_b(i), \quad i = 1,2,3,\cdots,n \tag{4-1}$$

$$P_i = P_o(i) + e_o(i), \quad i = 1,2,3,\cdots,n \tag{4-2}$$

式中，$e_b(i)$ 和 $e_o(i)$ 分别表示降水背景场和降水观测场在观测点 i 处的误差。

令 e_b 和 e_o 的方差为 δ_b 和 δ_o，根据加法模型的原理，假设 $\delta_b = \delta_o$，并且 e_o 的期望 $E(e_o) = 0$，根据式(4-1)和式(4-2)，可以得出如下近似关系：

$$P_o(i) \approx P_b(i) + e_b(i), \quad i = 1,2,3,\cdots,n \tag{4-3}$$

$$e_b(i) \approx P_o(i) - P_b(i), \quad i = 1,2,3,\cdots,n \tag{4-4}$$

由式(4-4)可以看出，在地面站点观测的位置处，降水的误差可以近似表达为观测值与背景值之差。在此条件下可以推求出，对于空间范围内的任一没有地面雨量观测处的位置(用 j 表示)，降水背景值误差 $e_o(j)$（$j = 1,2,\cdots,k$）可以利用实测点降水数据与背景值之差进行拟合估计，即

$$\hat{e}_b(j) = f[P_o(1) - P_b(1), P_o(2) - P_b(2), P_o(3) - P_b(3), \cdots, P_o(n) - P_b(n)] \tag{4-5}$$

综上，未知点处的降水估计值可以通过将式(4-5)的背景场误差的估计值与背景站叠加得到，即对背景场的修正，此为“加法模型”的融合结果，记为 $P_a(j)$，其表达式为

$$\begin{aligned} P_a(j) &= P_b(j) + \hat{e}_b(j) \\ &= P_b(j) + f[P_o(1) - P_b(1), P_o(2) - P_b(2), P_o(3) - P_b(3), \cdots, P_o(n) - P_b(n)] \end{aligned} \tag{4-6}$$

在本书中，使用主成分回归(PCR)的方法来拟合背景场误差 $\hat{e}_b$。

4.2.3 背景场残差计算

多源降水融合的关键在于估计背景场残差，采用主成分回归(PCR)进行局部估计。PCR 的具体原理介绍在 2.2 章节，此处不再赘述。简言之，PCR 的本质是将宏观和微观地形因子作为协变量，基于经纬度、高程、坡度和坡向来构建回归模型以拟合背景误差 $\hat{e}_b$。因此，PCR 方法考虑了地形对气象数据的影响以及变量之间的多重共线性问题。PCR 的具体操作如下。

回归计算中使用背景误差 $\hat{e}_b$ 的降水数据作为因变量，气象站的经度、纬度、高程、坡度和坡向作为输入变量来构建 PCR。回归系数 $\hat{b}_0,\hat{b}_1,\hat{b}_2,\hat{b}_3,\hat{b}_4,\hat{b}_5$ 计算如下：

$$\hat{e}_b(j)=\hat{b}_0+\hat{b}_1X_1+\hat{b}_2X_2+\hat{b}_3X_3+\hat{b}_4X_4+\hat{b}_5X_5 \tag{4-7}$$

其中，X_1，X_2，X_3，X_4，X_5 代表气象站的经度、纬度、高程、坡度和坡向。因此，背景场的误差 $\hat{e}_b$ 如下：

$$\hat{e}_b=\sum_{i=1}^{n}(\hat{b}_0+\hat{b}_1X_{1i}+\hat{b}_2X_{2i}+\hat{b}_3X_{3i}+\hat{b}_4X_{4i}+\hat{b}_5X_{5i}) \tag{4-8}$$

其中，X_{1i}，X_{2i}，X_{3i}，X_{4i}，X_{5i} 是第 i 个网格（$i=1,2,...,n$）处的经度、纬度、高程、坡度和坡向。

因此，采用 PCR 方法构建卫星降水产品与地面雨量站点观测数据的融合模型具体方程式为

$$P_a(j)=P_b(j)+\hat{b}_{j0}+\hat{b}_{j1}X_{1j}+\hat{b}_{j2}X_{2j}+\hat{b}_{j3}X_{3j}+\hat{b}_{j4}X_{4j}+\hat{b}_{j5}X_{5j}+\varepsilon_j \tag{4-9}$$

4.3 主成分回归降水数据融合方法的应用与评估

基于上节主成分回归融合模型的分析框架，本节选取黄河源区和赣江上游区 2008—2013 年的地面站点降水观测数据与 TMPA 3B42V7、TMPA 3B42RT、CMORPH_CRT 以及 IMERG_Final 这 4 种卫星降水产品，分别构建月尺度和日尺度的降水融合模型；并选取唐乃亥水文站和峡山水文站三场洪水事件对应的站点观测与上述 4 种卫星降水产品，分别构建小时尺度的降水融合模型。为与上文卫星降水产品名称区别，将各卫星产品与站点观测的融合结果简称为 TMPA 3B42V7_M，TMPA 3B42RT_M，CMORPH_CRT_M 和 IMERG_Final_M。

为统一评价标准，便于对比各融合方法的精度与对应卫星降水产品的精度，对每一种降水融合结果的评价指标均采用 3.3.1 节列出的统计指标。此外，为了直观地显示和比较降水估计值与地面雨量站观测值之间的“接近度”，本章节还采用了泰勒图（Taylor diagram）对比卫星降水数据和融合方法结果。泰勒图通过计算所需的标准偏差（Standard Deviation，SD）、中心均方根误差（Centered Root-Mean-Square Error，CRMSE）和相关系数（Correlation Coefficient，CC）刻画一个/多个模态与观测结果的相似性[121]，其表达式及含义见表 4.1

表 4.1 泰勒图统计指标表

统计指标	公式	单位	最优值	注释
标准偏差（SD）	$SD=\sqrt{\frac{1}{n}\sum_{i=1}^{n}(P_i^s-\overline{P^s})^2}$	mm	0	P_i^s 和 P_i^o 表示卫星降水和地面站网观测降水；$\overline{P^s}$ 和 $\overline{P^o}$ 是 P_i^s 和 P_i^o 的均值；n 为样本数。
中心均方根误差（CRMSE）	$CRMSE=\sqrt{\frac{1}{n}\sum_{i=1}^{n}[(P_i^s-\overline{P^s})-(P_i^o-\overline{P^o})]^2}$	mm	0	

4.3.1 月降水融合结果估计误差及空间分布

图 4.1、图 4.2 是黄河源区与赣江上游区各个站点处逐月融合降水结果与站点观测的比较。对黄河源区而言，各卫星降水产品与地面站点的融合结果较各自的卫星降水产品精度（图 3.1）有较大的提高，除与实时降水产品融合的结果 TMPA 3B42RT_M 外，其余 3 种融合降水的空间分布过程与站点实测降水分布的一致性较好。尽管 TMPA 3B42RT_M 仍明显地高估了黄河源区各站点的月降水量，但与 TMPA 3B42RT 相比，融合结果 TMPA 3B42RT_M 对高估降水的趋势有显著的改善，尤其是在红原、久治、甘德和泽库站点处，TMPA 3B42RT_M 的降水过程线较 TMPA 3B42RT 有明显的降低。IMERG_Final_M、TMPA 3B42V7_M 与 CMORPH_CRT_M 数据的逐月降水系列能够较准确地反映站点处月降水随时间的变化趋势。融合结果在各站点处的表现与原始卫星降水产品的表现一致。

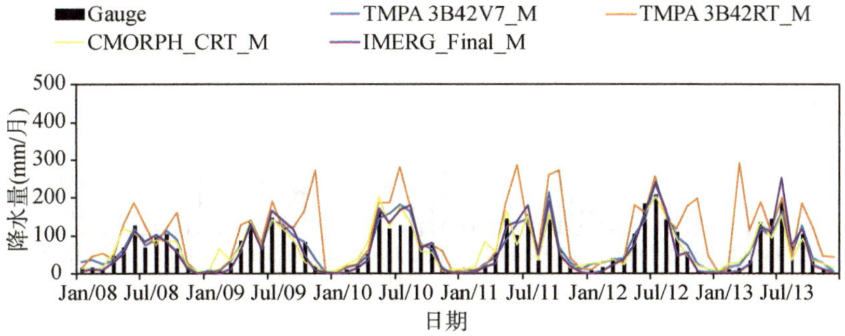

(a) 红原

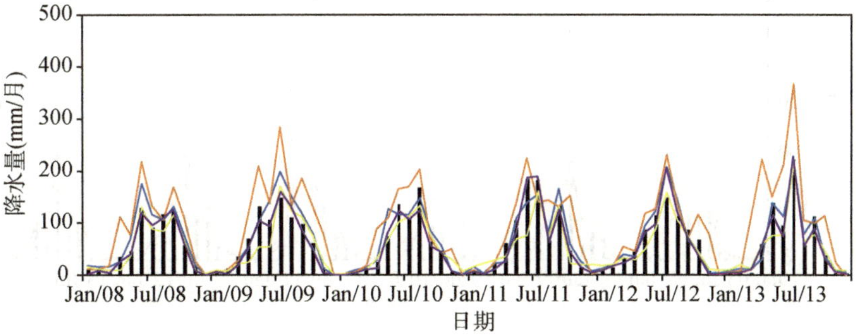

(b) 久治

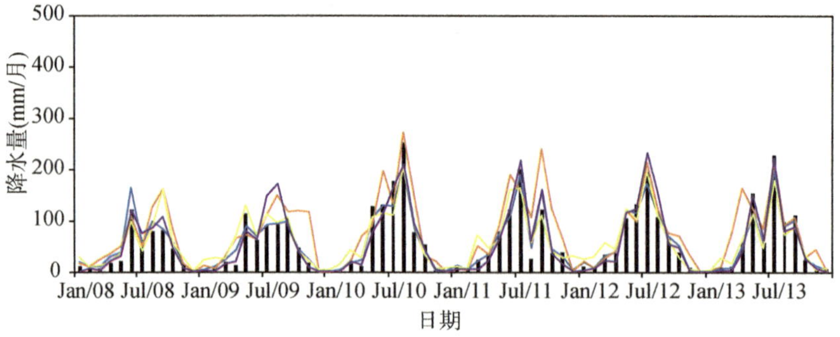

(c) 若尔盖

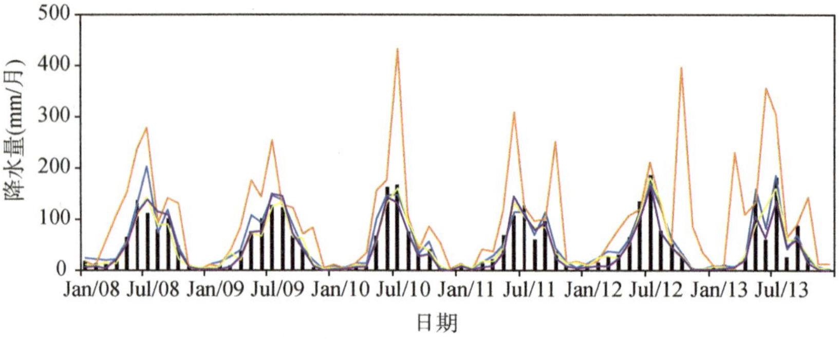

(d) 达日

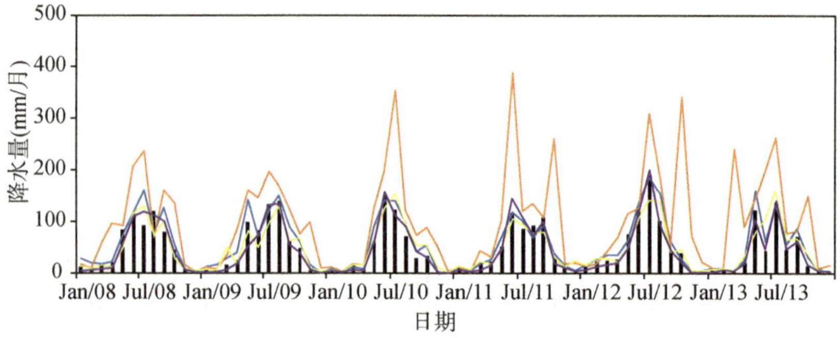

(e) 甘德

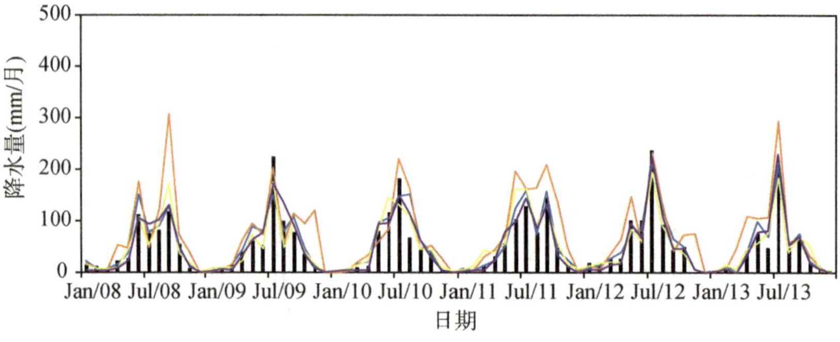

(f) 玛曲

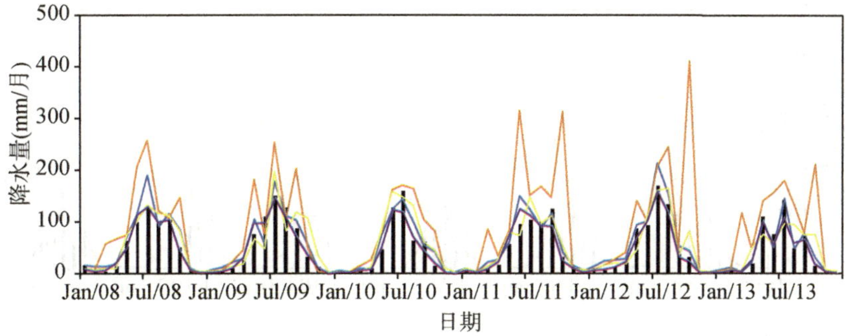

(g) 玛沁

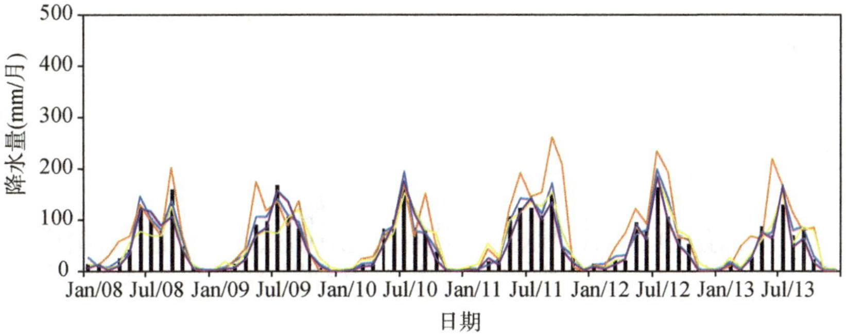

(h) 河南

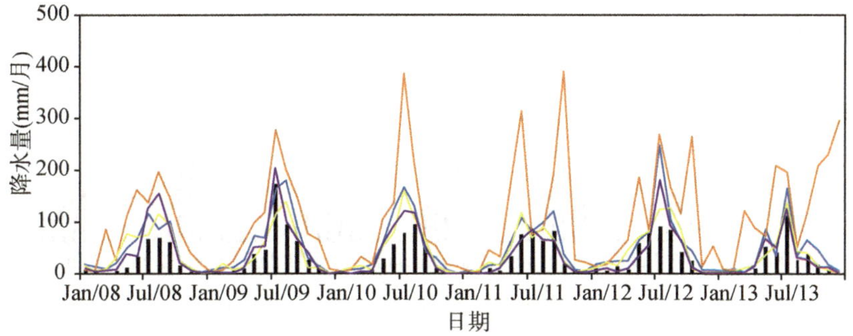

(i) 玛多

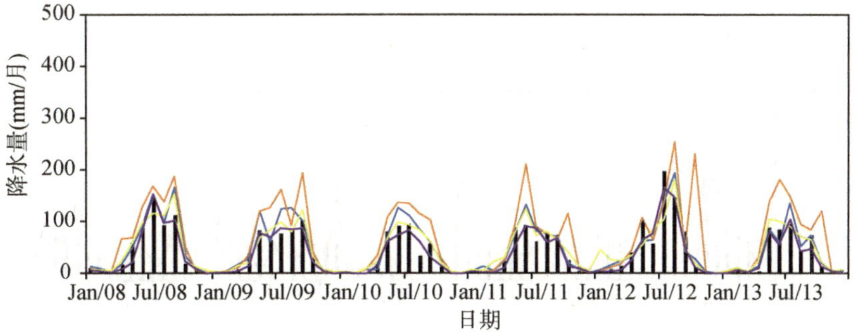

(j) 同德

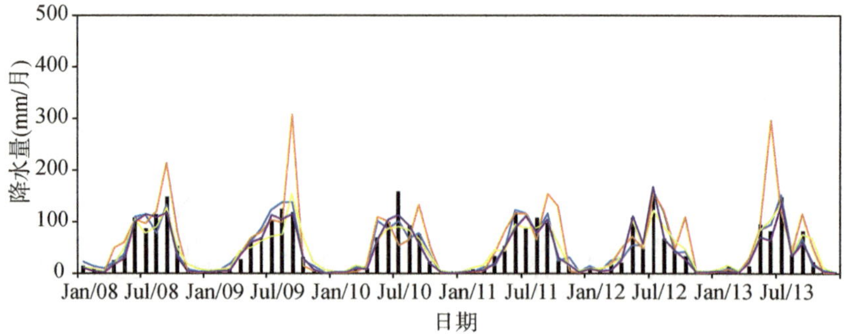

(k) 泽库

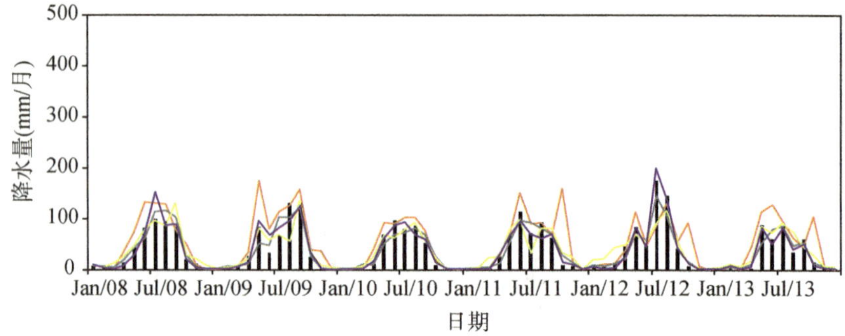

(l) 贵南

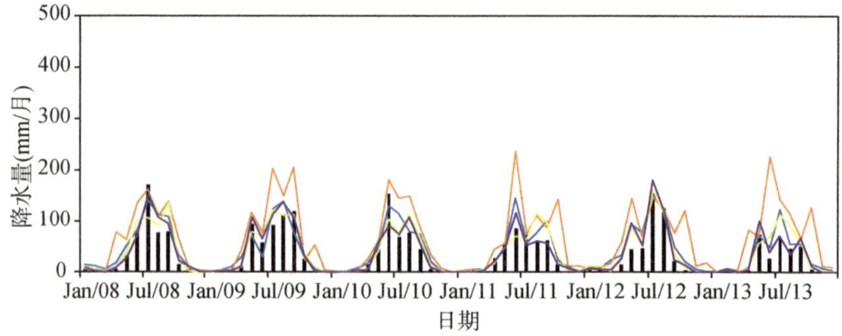

(m) 兴海

图 4.1 黄河源区各站点处逐月融合降水结果与地面观测降水比较

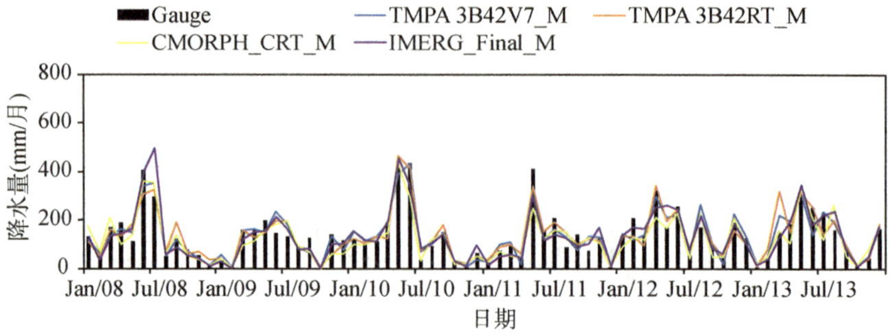

(a) 安远

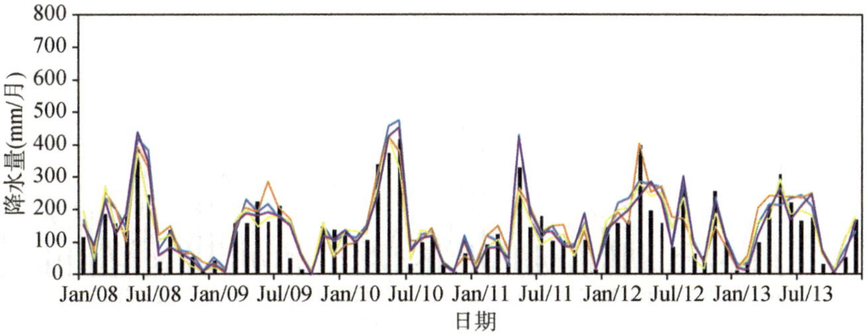

(b) 会昌

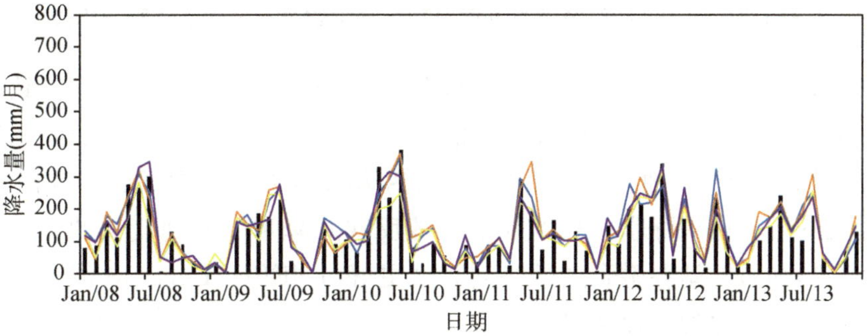

(c) 于都

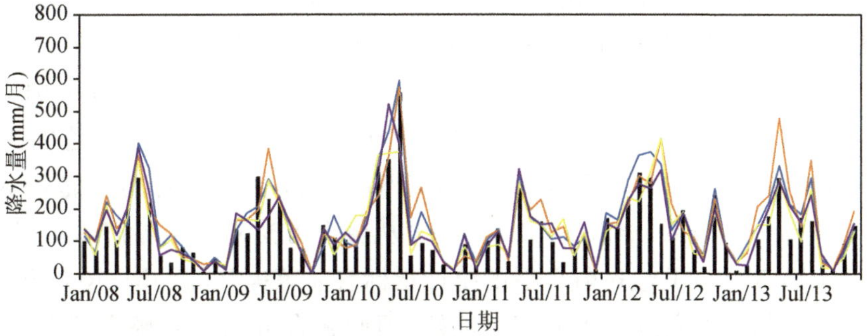

(d) 瑞金

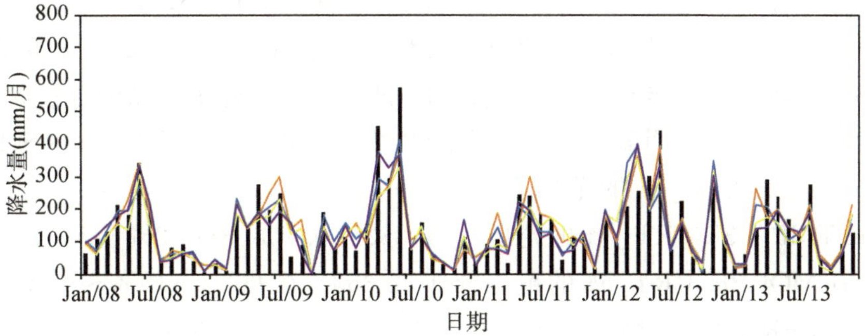

(e) 宁都

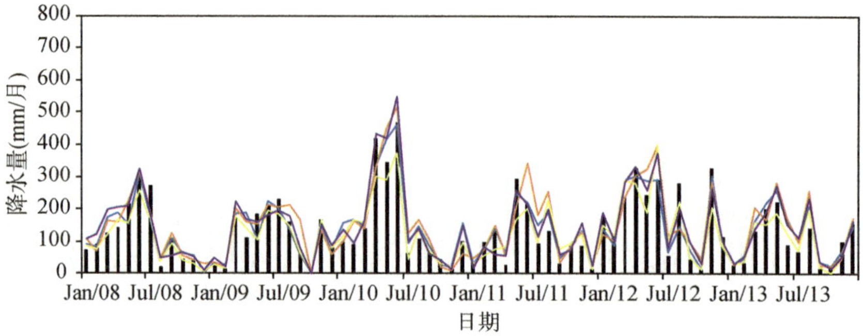

(f) 石城

图 4.2 赣江上游区各站点处逐月融合降水结果与地面观测降水比较

在红原、达日、玛沁和玛多 4 个站点处降水序列与观测降水序列的一致性低于其余站点处的结果，而在久治、若尔盖、玛曲、河南、泽库、兴海 6 个站点的降水序列精度较高。在赣江上游区，4 种卫星降水的融合结果精度较原卫星数据而言也有所提升，在每个站点处的融合结果降水序列均能准确地反映月降水随时间变化的特征。具体来说，安远、会昌和石城站各融合产品序列表现更好，IMERG_Final_M 能够更好地反映各站点处逐月降水序列变化情况。

表 4.2 和表 4.3 统计了黄河源区和赣江上游区各站点处融合卫星降水与站点观测数据的精度指标。黄河源区融合结果精度较卫星降水产品精度(表 3.2)有明显的提高，在 13 个站点中，TMPA 3B42V7_M 的 CC、BIAS 和 RMSE 范围为 0.904～0.978、−12%～31%、36～94.4 mm；TMPA 3B42RT_M 3 个指标的范围为 0.613～0.872、27.8%～168.1%、44.2～140.1 mm；CMORPH_CRT_M 3 个指标的范围为 0.884～0.933、−11%～22%、52.6～76.5 mm；IMERG_Final_M 3 个指标的范围为0.925～0.976、−9.7%～23.1%、34.3～62.8 mm。从融合方法对各卫星降水的综合提升幅度而言，TMPA 3B42RT 经过融合后的统计指标有显著提升，而 IMERG_Final 原始数据精度就较高，与站点实测降水的相关性好，因此融合方法提升幅度较小。从精度统计指标来看，IMERG_Final_M、TMPA 3B42V7_M 和 CMORPH_CRT_M 的月降水数据与站点降水序列的相关性很好，融合方法处理后的 TMPA 3B42RT_M 降水虽然有明显提升，但统计指标较其余 4 项仍有较大差距，且在不同站点处的跨度范围较大，因而适用性依然较差。同样的，基于主成分回归的 4 种卫星降水产品融合数据在赣江上游区统计精度方面也有明显的提升，4 种融合结果在 6 个站点处 CC、BIAS、RMSE 的范围：TMPA 3B42V7_M 的范围介于 0.865～0.927、−2.4%～10.3%、37.4～57.8 mm；TMPA 3B42RT_M 的范围为 0.832～0.908、−0.2%～14.5%、42.7～72.1 mm；CMORPH_CRT_M 的范围介于 0.853～0.902、−10%～4.8%、44.4～62.7 mm；IMERG_Final_M 的范围为 0.933～0.96、−4%～6.4%、33.7～36.6 mm。

表 4.2　黄河源区 13 个站点处融合降水数据精度指标

雨量站	卫星降水产品	CC	BIAS (%)	RMSE (mm)	雨量站	卫星降水产品	CC	BIAS (%)	RMSE (mm)
红原	TMPA 3B42V7_M	0.941	7.4	60.1	玛沁	TMPA 3B42V7_M	0.954	18.0	54.6
	TMPA 3B42RT_M	0.669	63.2	97.2		TMPA 3B42RT_M	0.676	94.9	106.5
	CMORPH_CRT_M	0.924	5.0	65.6		CMORPH_CRT_M	0.885	16.3	76.5
	IMERG_Final_M	0.952	−0.8	62.9		IMERG_Final_M	0.974	−3.1	34.3
久治	TMPA 3B42V7_M	0.946	8.8	60.4	河南	TMPA 3B42V7_M	0.978	6.9	36.0
	TMPA 3B42RT_M	0.872	54.6	68.8		TMPA 3B42RT_M	0.860	39.3	54.4
	CMORPH_CRT_M	0.911	−11.0	72.2		CMORPH_CRT_M	0.902	5.3	65.4
	IMERG_Final_M	0.974	−7.7	41.1		IMERG_Final_M	0.962	−6.9	42.9
若尔盖	TMPA 3B42V7_M	0.971	−1.2	45.5	玛多	TMPA 3B42V7_M	0.904	61.4	94.4
	TMPA 3B42RT_M	0.844	31.6	51.5		TMPA 3B42RT_M	0.613	238.2	140.1
	CMORPH_CRT_M	0.926	5.5	69.9		CMORPH_CRT_M	0.884	37.2	68.6
	IMERG_Final_M	0.952	0.0	58.4		IMERG_Final_M	0.925	23.1	61.3
达日	TMPA 3B42V7_M	0.955	11.3	49.7	同德	TMPA 3B42V7_M	0.921	14.6	60.4
	TMPA 3B42RT_M	0.676	106.9	119.7		TMPA 3B42RT_M	0.803	61.1	63.2
	CMORPH_CRT_M	0.933	0.1	55.0		CMORPH_CRT_M	0.901	12.9	60.9
	IMERG_Final_M	0.957	−9.7	46.6		IMERG_Final_M	0.959	−9.5	40.1
甘德	TMPA 3B42V7_M	0.949	15.1	53.1	泽库	TMPA 3B42V7_M	0.939	2.5	48.8
	TMPA 3B42RT_M	0.700	108.9	111.8		TMPA 3B42RT_M	0.761	27.8	57.5
	CMORPH_CRT_M	0.912	1.7	58.2		CMORPH_CRT_M	0.929	1.2	52.6
	IMERG_Final_M	0.975	−7.1	34.5		IMERG_Final_M	0.969	−8.3	36.5
玛曲	TMPA 3B42V7_M	0.943	8.4	56.5	贵南	TMPA 3B42V7_M	0.957	8.3	39.4
	TMPA 3B42RT_M	0.858	46.9	58.3		TMPA 3B42RT_M	0.805	39.6	44.0
	CMORPH_CRT_M	0.931	3.1	60.4		CMORPH_CRT_M	0.896	6.3	58.3
	IMERG_Final_M	0.964	0.0	44.3		IMERG_Final_M	0.961	−1.7	36.2
兴海	TMPA 3B42V7_M	0.921	24.8	58.9	流域平均	TMPA 3B42V7_M	0.944	7.7	55.2
	TMPA 3B42RT_M	0.767	93.9	68.8		TMPA 3B42RT_M	0.762	68.9	80.1
	CMORPH_CRT_M	0.905	17.4	59.9		CMORPH_CRT_M	0.911	6.9	63.3
	IMERG_Final_M	0.950	10.3	43.4		IMERG_Final_M	0.960	−1.6	44.8

IMERG_Final _M 数据在各个站点处的跨度很小，稳定性较高。可以看出，4 种融合结果在赣江上游区均有较好的适用性，其中 IMERG_Final_M 综合指标显示其精度

最高，TMPA 3B42V7_M 次之。

表 4.3 赣江上游区 6 个站点处融合降水数据精度指标

雨量站	卫星降水产品	CC	BIAS（%）	RMSE（mm）	雨量站	卫星降水产品	CC	BIAS（%）	RMSE（mm）
安远	TMPA 3B42V7_M	0.929	−2.4	37.4	会昌	TMPA 3B42V7_M	0.913	2.4	48.4
	TMPA 3B42RT_M	0.908	−0.2	42.7		TMPA 3B42RT_M	0.886	3.4	51.7
	CMORPH_CRT_M	0.878	−10.0	50.0		CMORPH_CRT_M	0.901	−2.3	44.4
	IMERG_Final_M	0.937	−0.6	35.4		IMERG_Final_M	0.942	4.7	34.6
于都	TMPA 3B42V7_M	0.915	5.7	39.0	瑞金	TMPA 3B42V7_M	0.928	9.4	53.7
	TMPA 3B42RT_M	0.881	6.9	47.5		TMPA 3B42RT_M	0.832	11.8	72.1
	CMORPH_CRT_M	0.853	−2.2	46.9		CMORPH_CRT_M	0.836	3.8	58.4
	IMERG_Final_M	0.933	4.5	33.7		IMERG_Final_M	0.939	6.4	36.6
宁都	TMPA 3B42V7_M	0.865	−1.2	57.8	石城	TMPA 3B42V7_M	0.924	10.3	40.3
	TMPA 3B42RT_M	0.856	1.5	58.6		TMPA 3B42RT_M	0.886	14.5	53.3
	CMORPH_CRT_M	0.854	−5.4	62.7		CMORPH_CRT_M	0.902	4.8	45.9
	IMERG_Final_M	0.951	−4.0	35.3		IMERG_Final_M	0.960	5.9	33.8
流域平均	TMPA 3B42V7_M	0.912	4.0	46.1					
	TMPA 3B42RT_M	0.875	6.3	54.3					
	CMORPH_CRT_M	0.865	−3.8	52.7					
	IMERG_Final_M	0.871	−1.9	51.4					

融合卫星降水与站点观测降水结果的统计指标在两个流域内的空间分布如图 4.3、图 4.4 所示。与各卫星降水产品的空间分布(图 3.3)相比较，融合结果的 3 个统计指标在黄河源区上有显著提升，就 BIAS 而言，TMPA 3B42V7_M、CMORPH_CRT_M 和 IMERG_Final_M 的范围介于−40%～40%，而对应的 4 种原始卫星数据的 BIAS 范围是−70% ～ 90%，TMPA 3B42RT_M 的 BIAS 由 10% ～180% 减小至 10%～150%；对于 CC，卫星降水产品的相关系数最高不超过 0.9，而 TMPA 3B42V7_M、CMORPH_CRT_M 和 IMERG_Final_M 的相关系数在空间上大部分地区都超过 0.9 甚至超过 0.95；同样的，融合产品的 RMSE 对应卫星降水产品的值在黄河源区 250 个网格上有较明显的降低。具体而言，TMPA 3B42V7_M 月降水的 BIAS 在流域中部和东部区域较 TMPA 3B42V7 有明显降低，集中在 0～20%范围内，但需要注意的是，虽然融合 TMPA 3B42V7 后的 BIAS 误差范围减小，但其值基本上全部大于 0。融合方法对 TMPA 3B42RT 的作用效果与 TMPA 3B42V7 一致，流域中部和东部区域的 BIAS 有显著的降低。CMORPH_CRT 降水的低估趋势经融合后有所改善，IMERG_Final_M 在大多数网格处的 BIAS 都在−10%～10%之间。各卫星降水融合

后的 CC 在流域的分布特征与原数据的 CC 分布一致，可以看到融合后 IMERG_Final_M 整体与月观测降水的相关性最好，TMPA 3B42V7_M 和 CMORPH_CRT_M 次之，TMPA 3B42RT_M 大部分网格的 CC 大于 0.7，较原始数据有明显的提升。相对于 BIAS 和 CC，各融合产品的 RMSE 差异较小，TMPA 3B42V7_M 和 CMORPH_CRT_M 的 RMSE 接近，流域平均 RMSE 分别为 55.9 mm 和 58 mm，TMPA 3B42RT_M 的 RMSE 在空间上多数集中在 60～100 mm 之间，融合后的 IMERG_Final_M 数据的 RMSE 较原始数据也有所减小，均值约为 34.2 mm。

赣江上游区融合结果的 BIAS、CC、RMSE 空间分布如图 4.4 所示，融合方法整体上提升了 3 个统计指标的精确度。4 个融合结果的月降水相对观测值的 BIAS 从原始的－20％～50％减至－15％～30％；所有融合结果的 CC 绝大多数都在 0.8 以上，其中 TMPA 3B42V7_M 和 IMERG_Final_M 的 CC 提升至大于 0.9；RMSE 的值也从20～160 mm 减至 20～100 mm。融合后 TMPA 3B42V7_M 和 TMPA 3B42RT_M 的 BIAS 在赣江上游区的分布趋势一致，二者在流域空间上的 BIAS 均值分别为 5.9％和 9.2％。CMORPH_CRT_M 与 IMERG_Final_M 的 BIAS 误差范围在－15％～15％之间，表现更好。对于 CC 而言，TMPA 3B42V7_M 和 IMERG_Final_M 绝大多数区域的 CC 大于 0.9，显示出高相关性。从提升幅度而言，TMPA 3B42RT 在赣江上游区的平均 CC 为 0.788，融合后为 0.856 和 0.875，提升幅度分别 8.6％和 11.0％，较其他 3 个产品的提升幅度更大。TMPA 3B42V7_M 和 IMERG_Final_M 的 RMSE 较融合前降低了约 25 mm，与观测月降水的偏差最小。总体而言，基于主成分回归的加法融合模型有效地提升了 4 种卫星降水产品在黄河源区和赣江上游区的空间精度，IMERG_Final_M、TMPA 3B42V7_M、CMORPH_CRT_M 在两个流域的月降水空间分布与观测值基本一致。

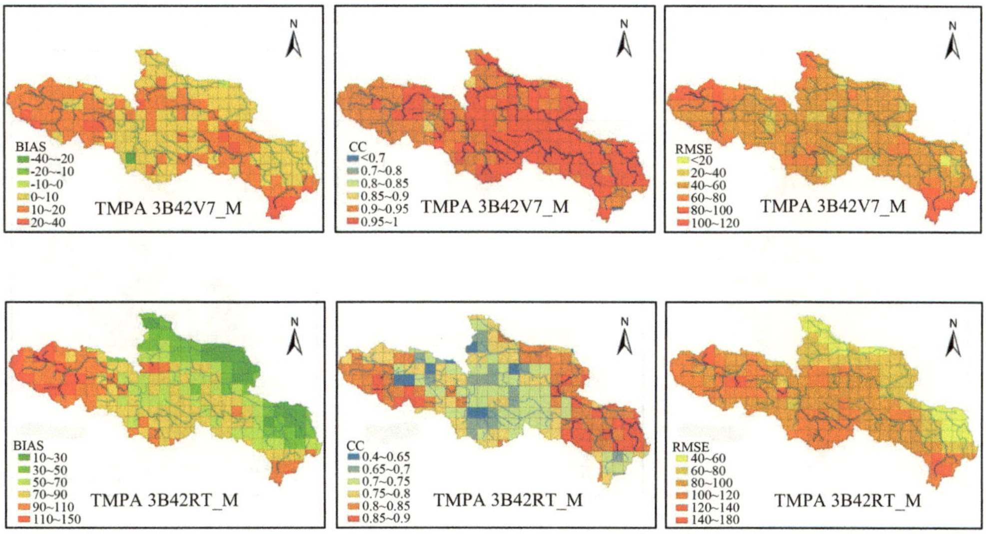

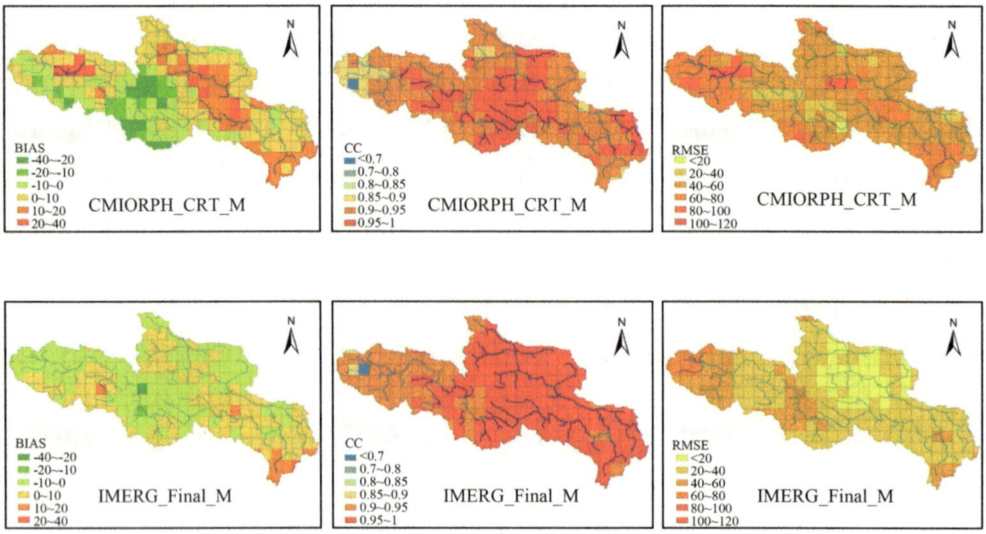

图 4.3　黄河源区融合月降水数据不同统计指标的空间分布

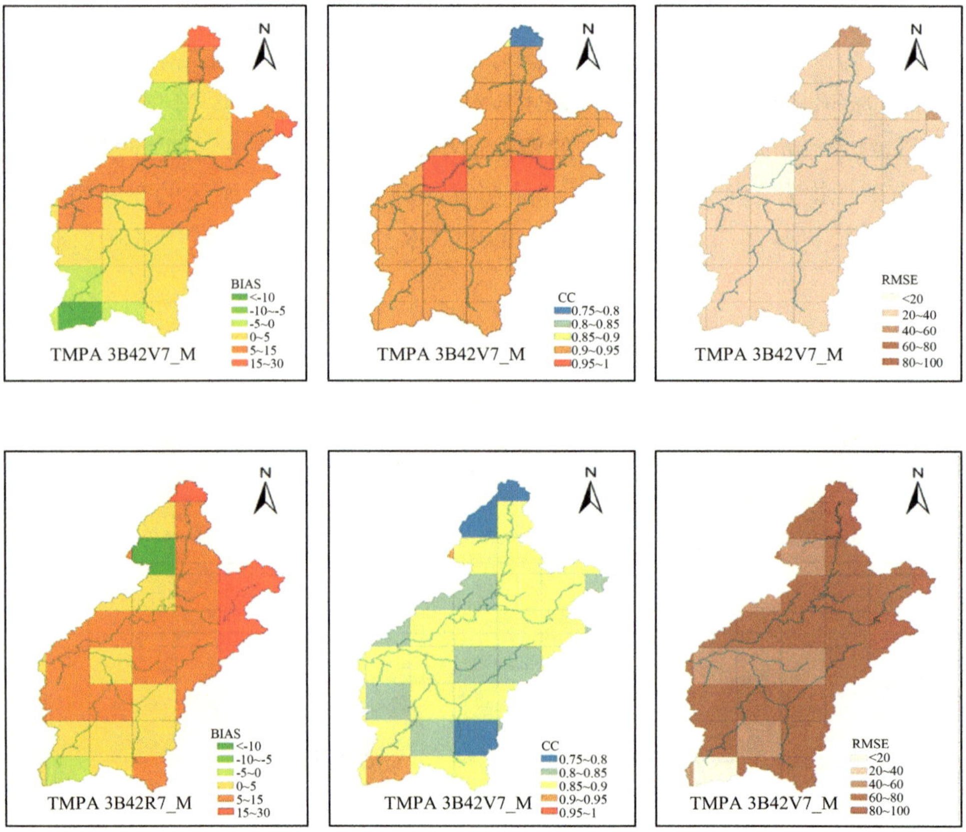

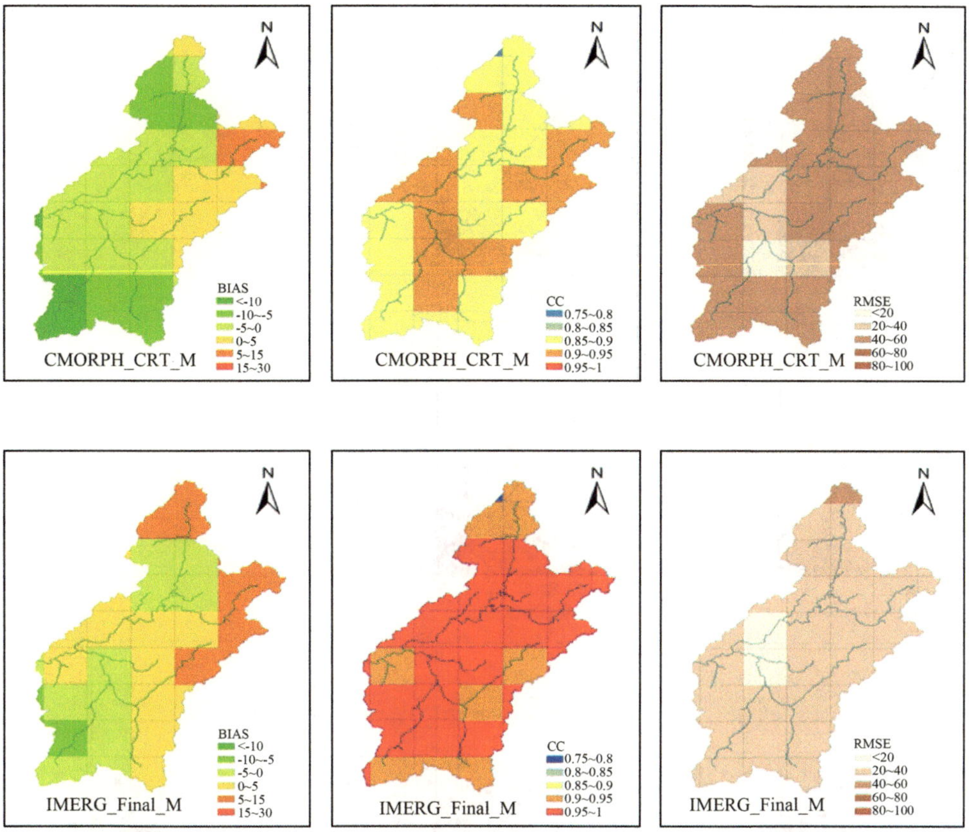

图 4.4　赣江上游区融合月降水数据不同统计指标的空间分布

4.3.2　日降水融合结果估计误差及空间分布

图 4.5、图 4.6 为黄河源区和赣江上游区 0.25°×0.25°栅格单元网格上 4 种卫星降水与地面站点融合产品在各站点处观测值的日降水散点图。从图 4.5 中可以看出，融合后的日降水结果较原卫星产品而言(图 3.5)精度有明显的改善，可以看到除 TMPA 3B42RT_M 外，其余 3 种融合结果没有明显的高估趋势。融合实时降水产品 TMPA 3B42RT 后的数据虽然误差有所降低，但由于其卫星数据源自身误差太大，因此融合后的结果仍不适用于黄河源区的降水空间分布估计。从图中可以看出，在久治、达日、玛沁、泽库和兴海站点处融合结果与观测降水的相关性更好。4 种融合结果在赣江上游区的散点图(图 4.6)与图 3.6 相比更加集中，说明精确度有所上升。融合结果在安远、于都和石城站的散点图提升幅度较原卫星数据的散点图特征更加明显。

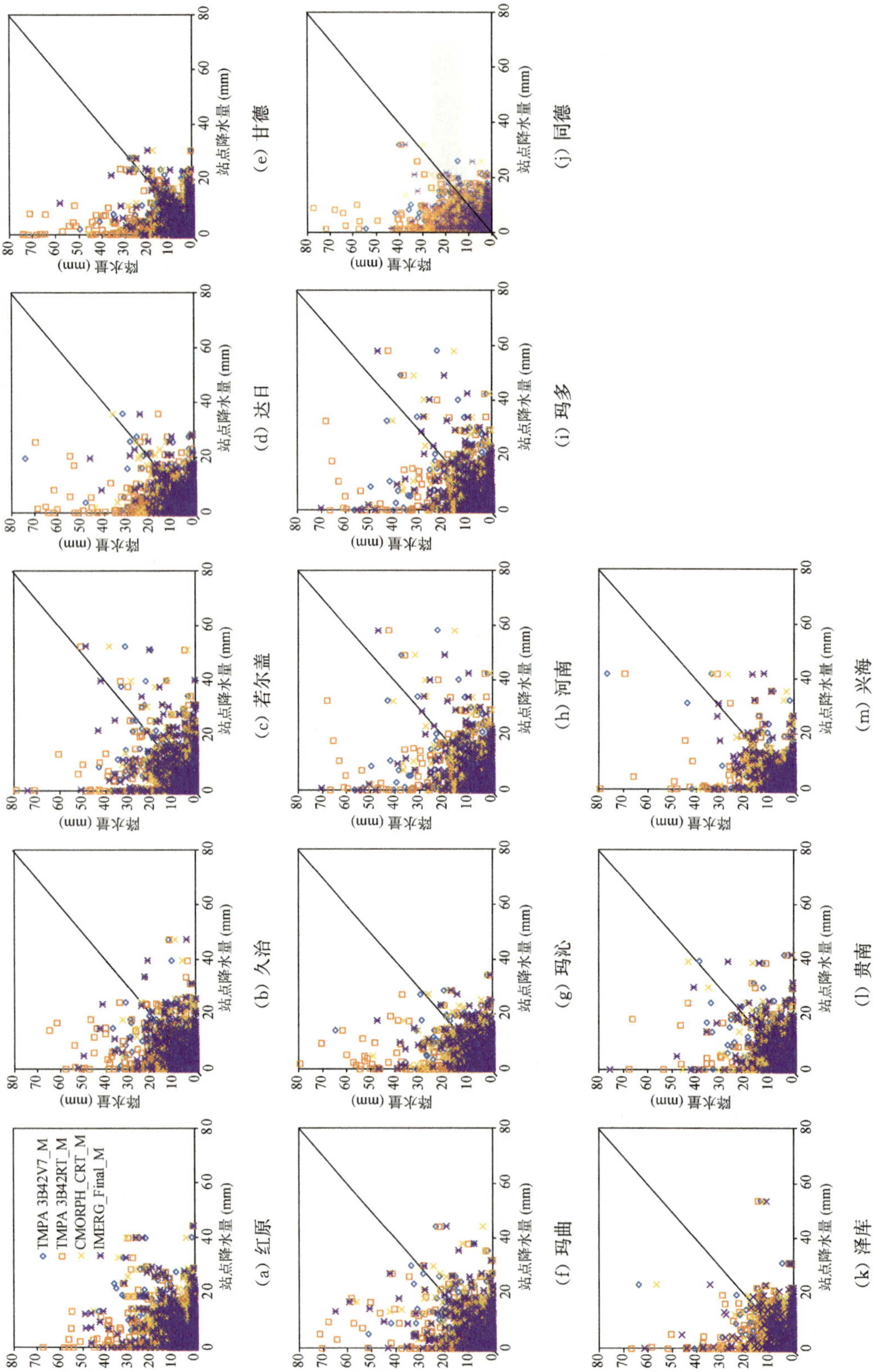

图 4.5　黄河源区融合日降水与站点降水量散点图

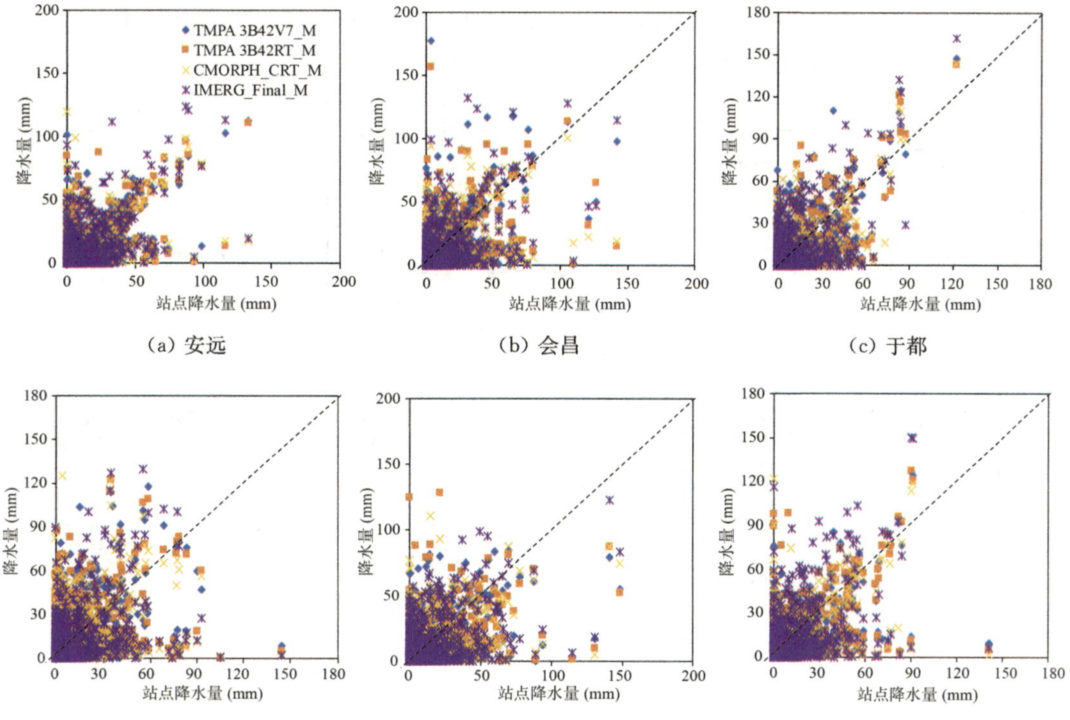

(a) 安远　(b) 会昌　(c) 于都

(d) 瑞金　(e) 宁都　(f) 石城

图 4.6　赣江上游区融合日降水与站点降水量散点图

图 4.7 为黄河源区和赣江上游区融合降水的日精度统计。4 种卫星降水产品的融合结果在日尺度上的精度较原数据的精度有较大提高。定量指标方面，TMPA 3B42RT_M 的 CC、BIAS 和 RMSE 的范围提升至 0.25～0.39、27.8%～168%、18～30.1 mm，其余 3 种融合结果的范围提升至 0.39 ～0.58、－33.1%～31.2%、8.7～15.6 mm；对探测能力而言，融合后 4 种产品的 POD 提升到 0.6～0.8，FAR 降至 0.3～0.56，CSI 最高值为 0.57。IMERG_Final_M 各统计指标均表现出较好的结果，对应 CC、BIAS 和 RMSE 的均值为 0.52、－1.6%、10.8 mm；探测能力也明显高于其他融合结果，POD、FAR 和 CSI 的均值为 0.77、0.39、0.47。融合后 TMPA 3B42RT_M 的 BIAS 均值为 68.9%，较原始数据误差减少 7%，玛多站的 BIAS 由 180%降至 168%。TMPA 3B42V7_M 与 CMORPH_CRT_M 各统计指标结果接近，能够较准确地探测降水空间分布特征。同样的，融合卫星与站点降水的结果在赣江上游区较原指标有所提升。IMERG_Final_M 的 CC 范围为 0.58～0.78，均值为 0.70。TMPA 3B42V7_M、TMPA 3B42RT_M 和 CMORPH_CRT_M 的 CC 范围介于 0.48～0.70，4 种融合结果的 CC 差异不显著。TMPA 3B42V7_M 和 TMPA 3B42RT_M 的 BIAS 由 23.7%和 25.8%下降至 9.4%和 11.8%。CMORPH_CRT_M 和 IMERG_Final_M 的 BIAS 均值的绝对值低于 3%，误差较小。RMSE 方面，4 种融合产品的 RMSE 无明显差异，范围介于 8.1～11.9 mm，各融合数据较观测数据的偏差趋势一致。几种融合结

果的降水探测能力整体上升，TMPA 3B42V7_M 和 CMORPH_CRT_M 的 POD、FAR 和 CSI 指标结果近似，而 IMERG_Final_M 的降水探测能力最强。

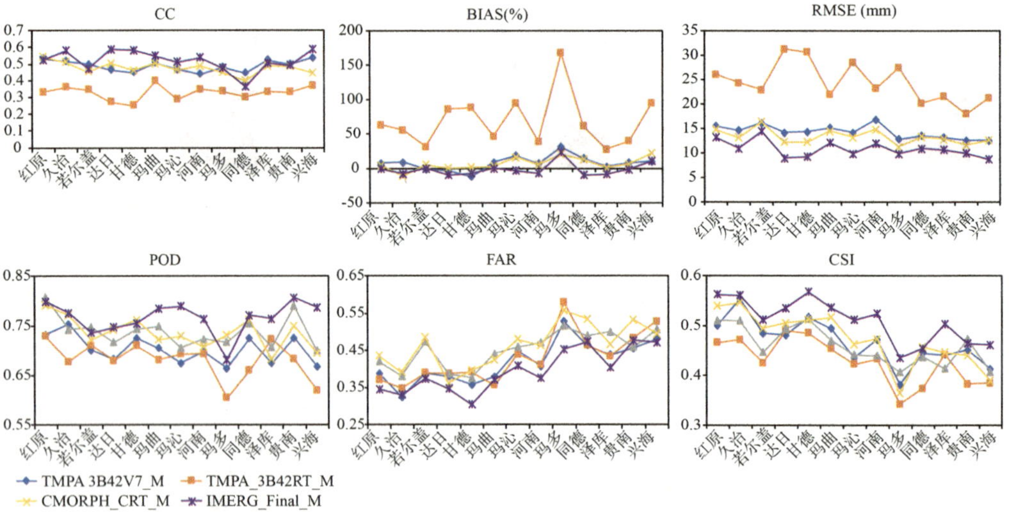

(a) 黄河源区

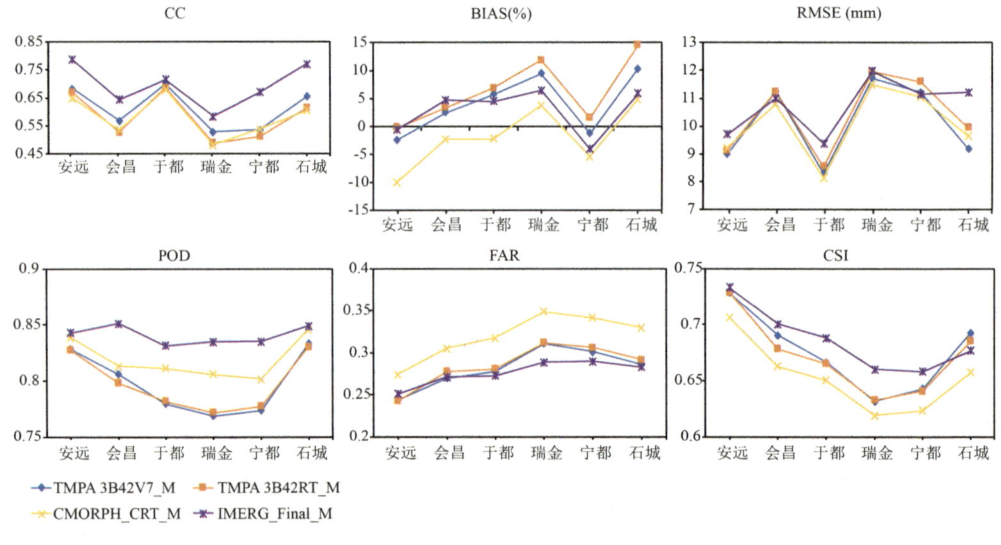

(b) 赣江上游区

图 4.7 黄河源区与赣江上游区融合降水结果日精度评估结果

为了评估卫星降水数据和地面站点观测降水的相似程度，本书建立了黄河源区和赣江上游区各站点处卫星降水产品与融合产品的日降水量泰勒图[122]（图 4.8、图4.9）。泰勒图的作用是可以直观地显示卫星降水估计值相对于地面站点降水观测值的时间变异性[123]。其中，用来评估降水空间场相似程度的统计变量为相关系数（CC）、中心均方根误差（CRMSE）及标准偏差（SD），图中距离 Gauge 越近的点，对应的数据及区域的描述结果越好。从图 4.8 中可以看出，由于 TMPA 3B42RT_M 与 TMPA

3B42RT 的泰勒统计指标均远大于其余 3 种卫星降水产品的结果，因此不做分析。整体而言，13 个站点融合降水的泰勒统计结果（实心）优于对应卫星产品的泰勒统计结果（空心），融合结果的分布更接近站点 SD 弧线附近，且相对 Gauge 点更近，表明融合方法有效地提升了各产品的精度，与实际降水空间场的相似度更高。3 种卫星降水产品的 SD、CRMSE 以及 CC 的范围集中在 4～6 mm、3～7 mm、0.2～0.4，IMERG_Final 的 SD 在大多数站点处都与实测值相近，其次是 CMORPH_CRT 与 TMPA 3B42V7。在玛多站几种卫星降水产品的泰勒统计结果与其余站相比略差，这也与精度统计结果一致。总体而言，IMERG_Final、CMORPH_CRT 的结果较其他产品的效果更好。3 种融合结果的 SD、CRMSE 和 CC 的范围则集中于 4～5 mm、3～5 mm、0.4～0.6，从图中能明显地看出融合数据的 CC 和 CRMSE 与原始降水产品间的差异。在 13 个站点中，CMORPH_CRT_M 的 SD 低于站点观测降水的 SD 的站点数有 7 个，而 TMPA 3B42V7_M 在 13 个站点处的 SD 几乎都大于观测降水的。3 种融合结果的泰勒统计在红原、玛曲、玛沁、河南、兴海站均表现出统一的较高的结果，而在玛多站几种融合产品的 SD 和实测值相比偏差较大。

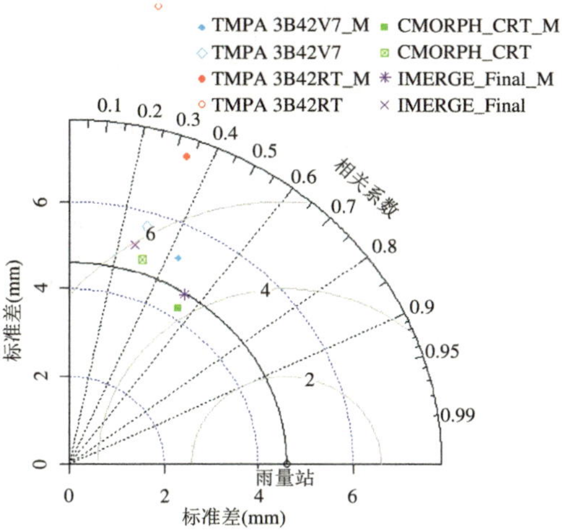

(a) 红原

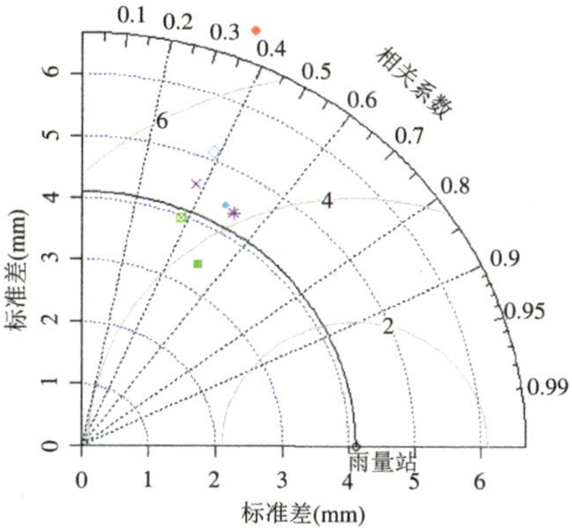

(b) 久治

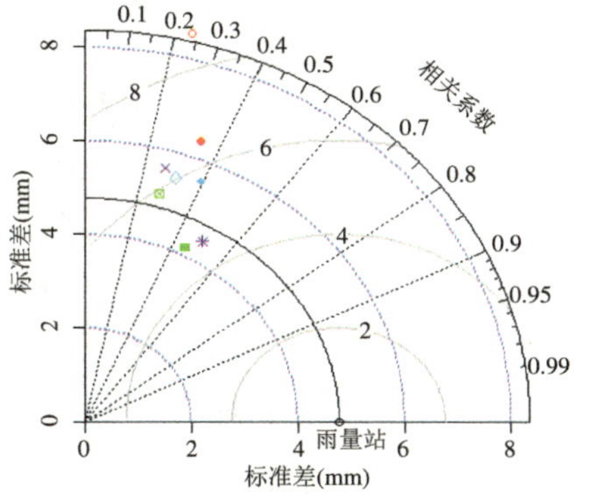

(c) 若尔盖

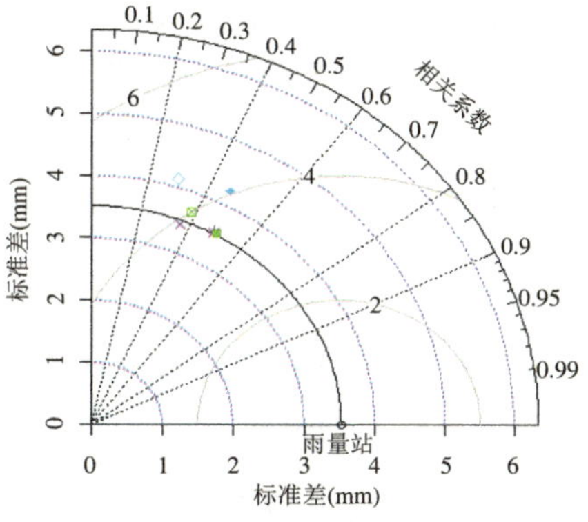

(d) 达日

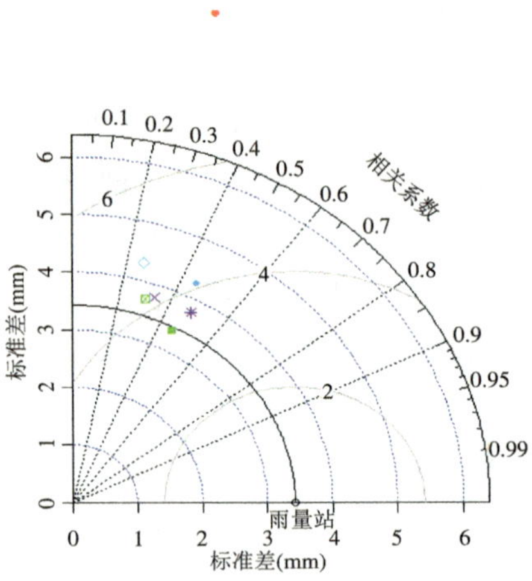

(e) 甘德

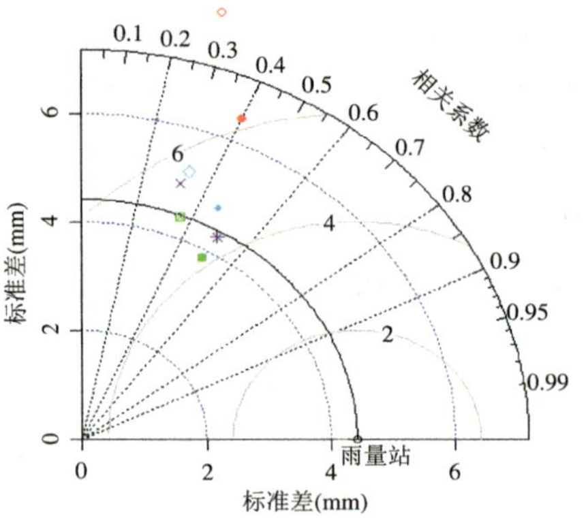

(f) 玛曲

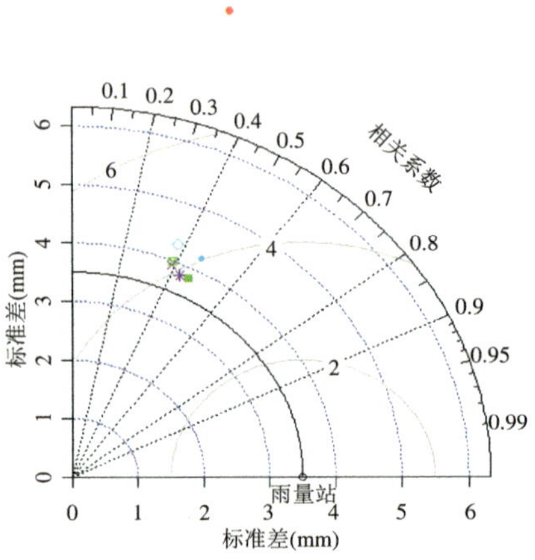

(g) 玛沁

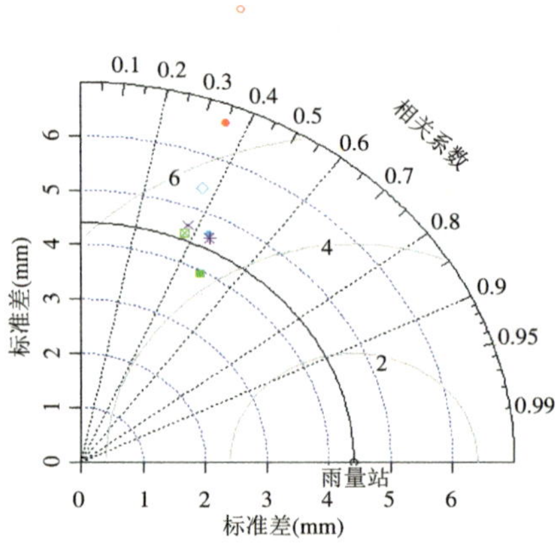

(h) 河南

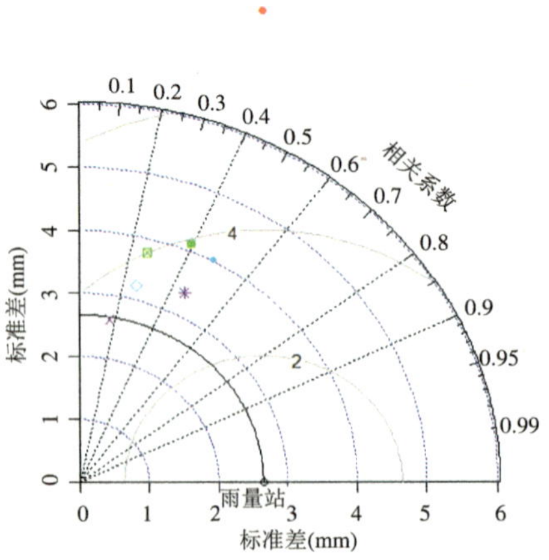

(i) 玛多

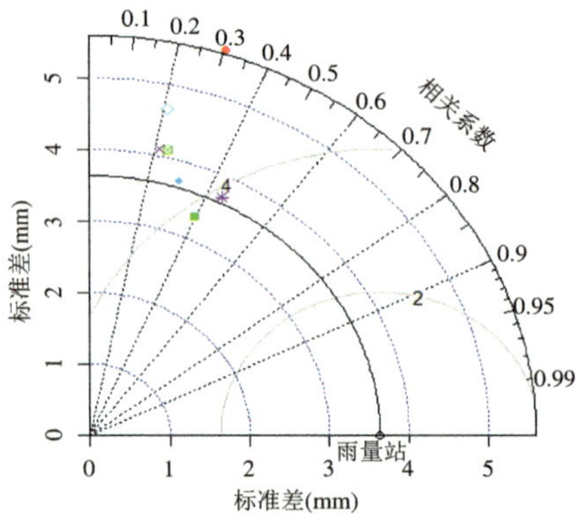

(j) 同德

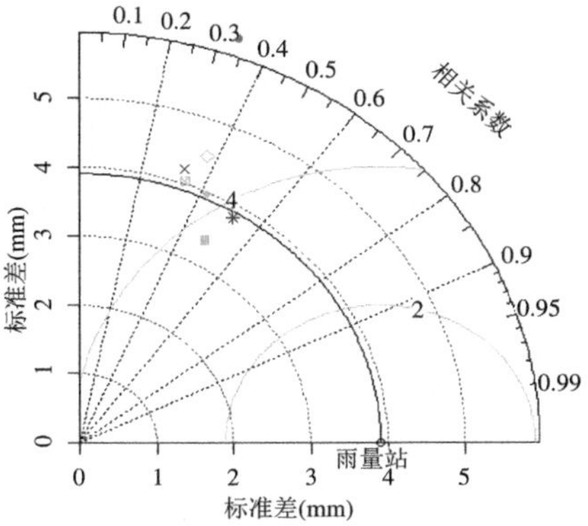

(k) 泽库

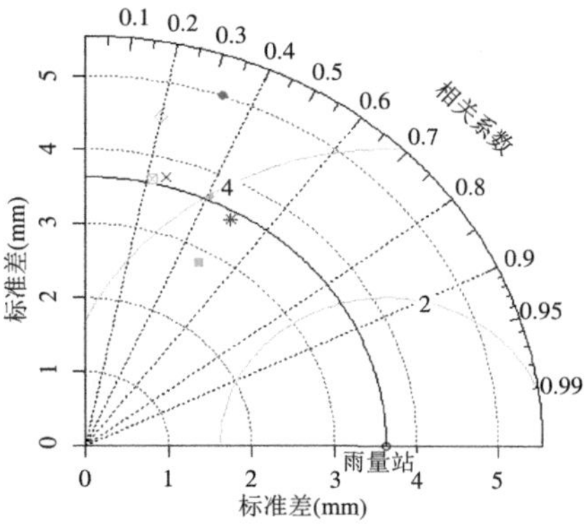

(l) 贵南

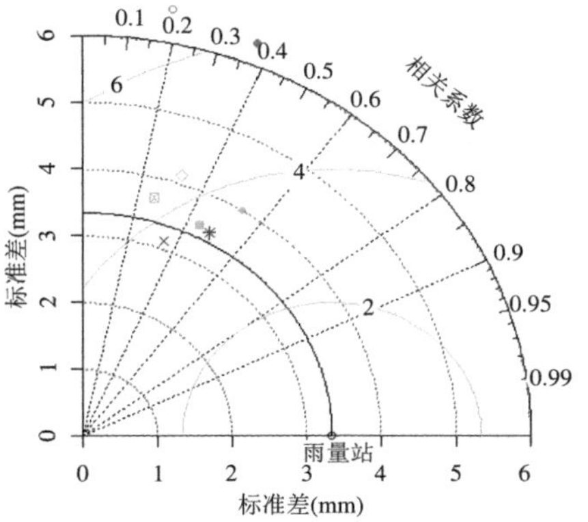

(m) 兴海

图 4.8　黄河源区各站点处日尺度卫星降水产品、融合降水与观测值的泰勒图

4 种卫星降水产品与站点观测的融合结果在赣江上游区也表现出良好的性能。较 4 种卫星降水产品的泰勒统计而言，融合结果的点更靠近实测站点，证明融合方法在两个流域均有显著的效果。从 4.9 可知，与黄河源区的泰勒图相比，赣江上游区卫星降水的 CC 更大，介于 0.3～0.6，而 CRMSE 的误差在 10～15 mm 之间，整体偏差大于黄河源区。TMPA 3B42V7、TMPA 3B42RT、CMORPH_CRT 和 IMERG_Final 的泰勒统计指标在大多数站点处有相同的趋势，差异性不显著。经过融合处理后的数据在各站点处的 CC 介于 0.5～0.7，CRMSE 也有所减低，在安远、于都、宁都和石城站点处较为明显。此外，在安远和宁都站，大部分降水数据的 SD 都小于实测降水序列的 SD，说明在这两个站点处的降水估计序列与实际降水序列的偏差一致，其余站点没有此现象。总体而言，基于主成分回归的降水融合方法在黄河源区与赣江上游区均能够提升原始降水产品的精度，表现出较好的潜能。

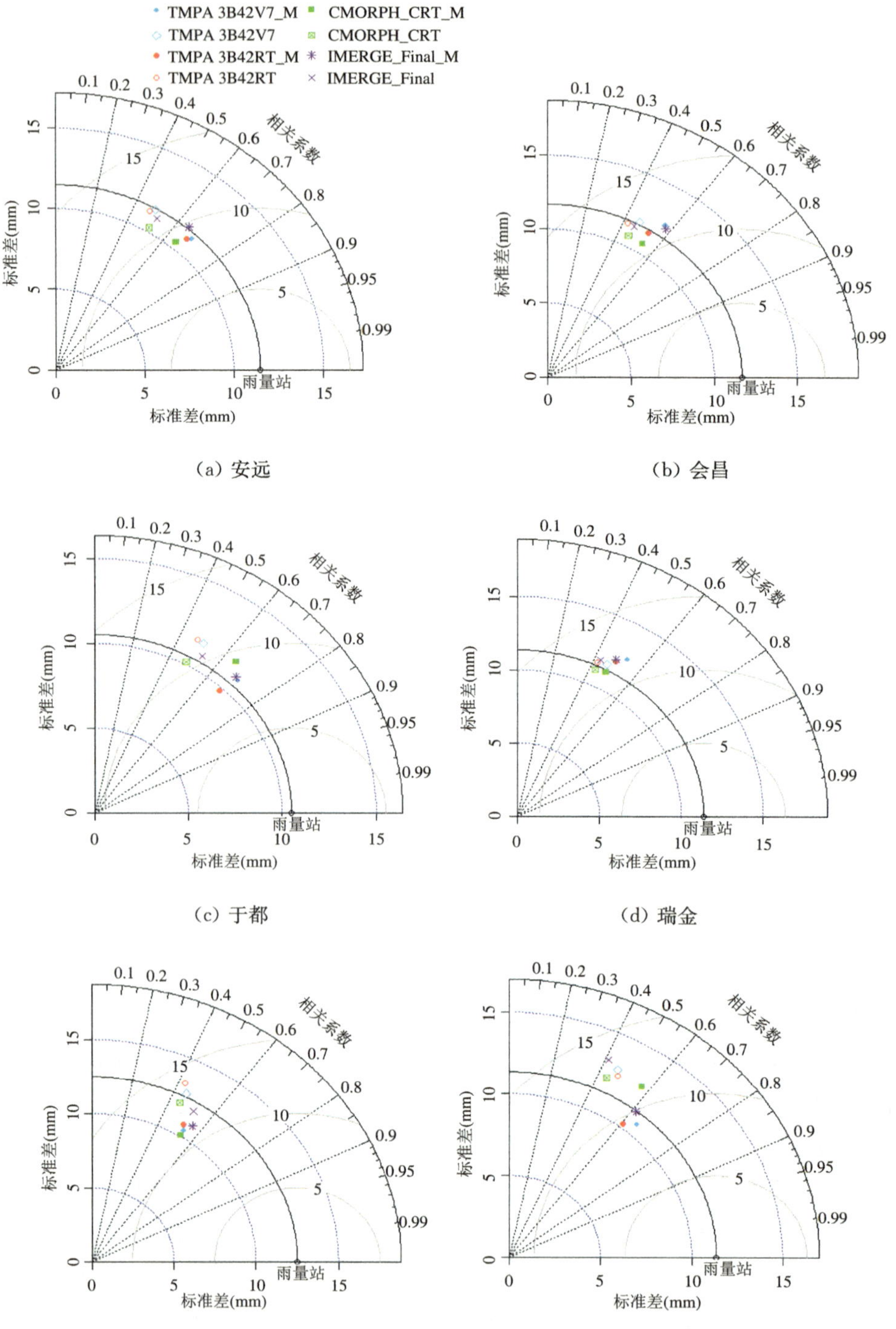

(a) 安远 (b) 会昌

(c) 于都 (d) 瑞金

(e) 宁都 (f) 石城

图 4.9 赣江上游区各站点处日尺度卫星降水产品、融合降水与观测值的泰勒图

图 4.10 为融合卫星与站点降水数据重现站网观测能力的混淆矩阵。对比图 4.10(a)与 3.8(a)可以看出,融合 4 种卫星降水产品与地面站点的降水数据能够更准确地

探测各不同等级下的降水，对角线处网格的值有所增加。融合后的各降水序列减轻了原始卫星数据在黄河源区降水量集中于 0.1～1 mm 之间的现象，提高了与实测降水的相关性。具体而言，TMPA 3B42V7 经融合处理后，较小等级降水准确度由 0.43 提升至 0.77，中高类别降水(10～20 mm、20～30 mm、30～40 mm)的准确度显著提高。TMPA 3B42RT_M 的混淆矩阵相对于 TMPA 3B42RT 在无降水日和大雨等级(>40 mm)的准确度提升较明显，但和其余融合结果相较对角线处的统计指标仍然有很大差距。CMORPH_CRT_M 和 IMERG_Final_M 的混淆矩阵显示出较好的结果，尤其对于中高类别的降水(10～20 mm、20～30 mm、30～40 mm)识别有所提升。

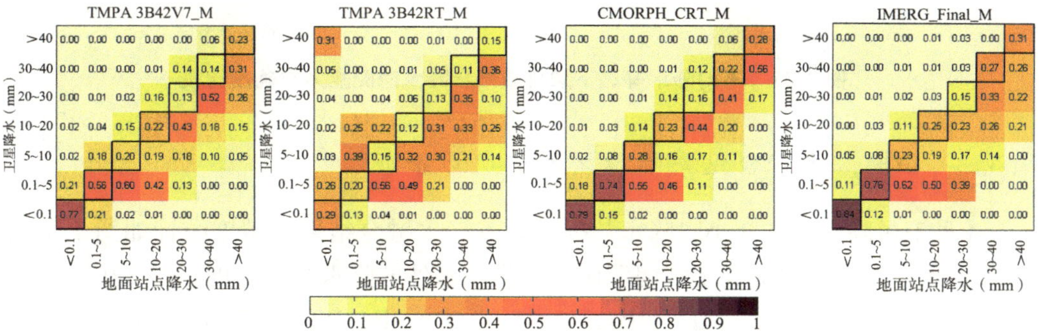

(a) 黄河源区

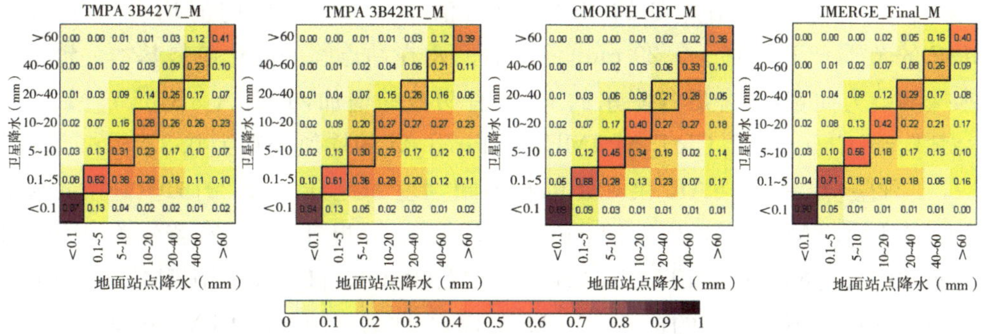

(b) 赣江上游区

图 4.10 黄河源区与赣江上游区日尺度融合降水与站点观测的混淆矩阵

在赣江上游区，融合方法显著地提升了 4 种卫星降水产品无水日和小降水类别(0.1～5 mm)的探测能力，4 种结果无降水日的值均大于 0.8，低降水日的值大于0.6。融合后 TMPA 3B42V7_M 和 TMPA 3B42RT_M 在赣江上游区的探测能力相似，与融合前 TMPA 3B42V7 和 TMPA 3B42RT 在赣江上游区的表现一致。从不同降水等级下融合降水探测能力准确度比较图中可以看出融合前后每类降水等级下的区别。如图 4.11 所示，IMERG_Final_M 和 CMORPH_CRT_M 在黄河源区无降水日、0.1～5 mm、30～40 mm 及大于 40 mm 类别的降水准确度较高；各融合结果在赣江上游区不同类别降水的探测能力差异较小，IMERG_Final_M 在 5～10 mm、10～20 mm 类别的降水准确度较高于其余融合结果。

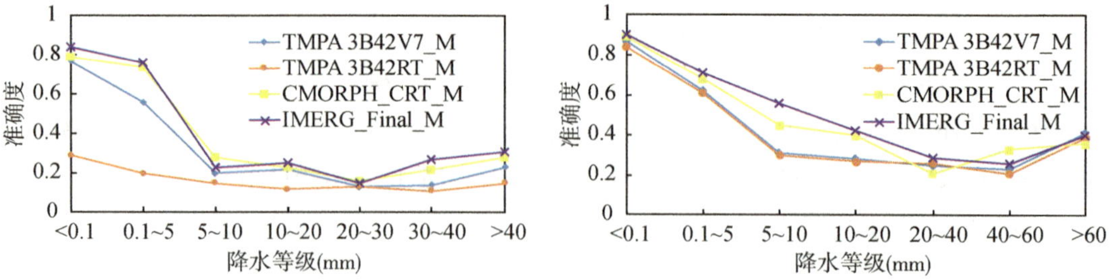

(a) 黄河源区　　　　(b) 赣江上游区

图 4.11　不同降水等级下融合结果日降水探测能力准确度比较

4.3.3　小时降水融合结果估计误差及空间分布

4 种卫星降水产品 3 小时降水数据与站点降水融合结果的精度统计如图 4.12 和 4.13 所示。融合结果提高了黄河源区三场洪水事件的降水统计精度。对 20150921 号洪水事件[图 4.12(a)]，TMPA 3B42V7_M、TMPA 3B42RT_M、CMORPH_CRT_M、IMERG_Final_M 4 种融合降水的 CC 较原始数据有显著提升，13 个站点的平均值分别为 0.68、0.54、0.67、0.68，且有 5 个站点所有 4 种融合结果的 CC 都超过 0.7。BIAS 方面，融合后所有站点处的 BIAS 绝对值小于 20%，且均值均在±5%之内。RMSE 的范围介于 0.19～0.29 mm，各融合降水在站点间的变化趋势基本一致。对于降水探测能力而言，融合后各降水的 POD 有明显的增加，TMPA 3B42V7_M、TMPA 3B42RT_M、CMORPH_CRT_M、IMERG_Final_M 的均值分别为 0.83、0.69、0.73 和 0.87，4 种融合结果的 FAR 和 CSI 也有不同幅度的提升。对 20161014 号洪水事件[图 4.12(b)]，TMPA 3B42V7_M 的 CC 从均值 0.24 提升至 0.57，若尔盖、达日、甘德和河南站的提升幅度较大，TMPA 3B42RT_M、CMORPH_CRT_M、IMERG_Final_M 的相关系数也有不同程度的提升。BIAS 方面，4 种融合结果的 BIAS 范围从－20%～50%缩小至－15%～30%，TMPA 3B42V7_M、TMPA 3B42RT_M 的均值从－9.2%和 14.0%减小到－3.1%和 6.6%。4 种融合数据的 RMSE 也不超过 1 mm，TMPA 3B42RT_M 降水数据在玛多站和兴海站的 RMSE 略大，分别为 1.53 mm 和1.17 mm。降水探测能力方面，4 种卫星融合产品的 POD 和 CSI 均较原始数据有较大提升，而 TMPA 3B42V7_M 和 TMPA 3B42RT_M 的 FAR 与原始产品差异不明显，CMORPH_CRT_M 和 IMERG_Final_M 较原始数据均值小 0.1 以上。对 20180706 号洪水事件[图 4.12(c)]，TMPA 3B42V7_M 与 TMPA 3B42RT_M 在各站点处的变化趋势基本一致，CC 的均值为 0.52 和 0.53，BIAS 均值－4.6%、－3.4%，RMSE 的均值为 1.45 mm与 1.72 mm。CMORPH_CRT_M 和 IMERG_Final_M 的精度统计结果好于两个 TRMM 融合产品的结果，CC 的均值超过 0.6。降水探测能力方面，TMPA

3B42RT_M 的 POD 略低于其余 3 个融合结果，4 种融合结果的 POD 较原产品均有所提升。FAR 和 CSI 的提升幅度低于 POD。总体而言，融合方法对于小时尺度的卫星降水数据有较为显著的效果，能够更加精确地估计降水事件的时空分布特征。

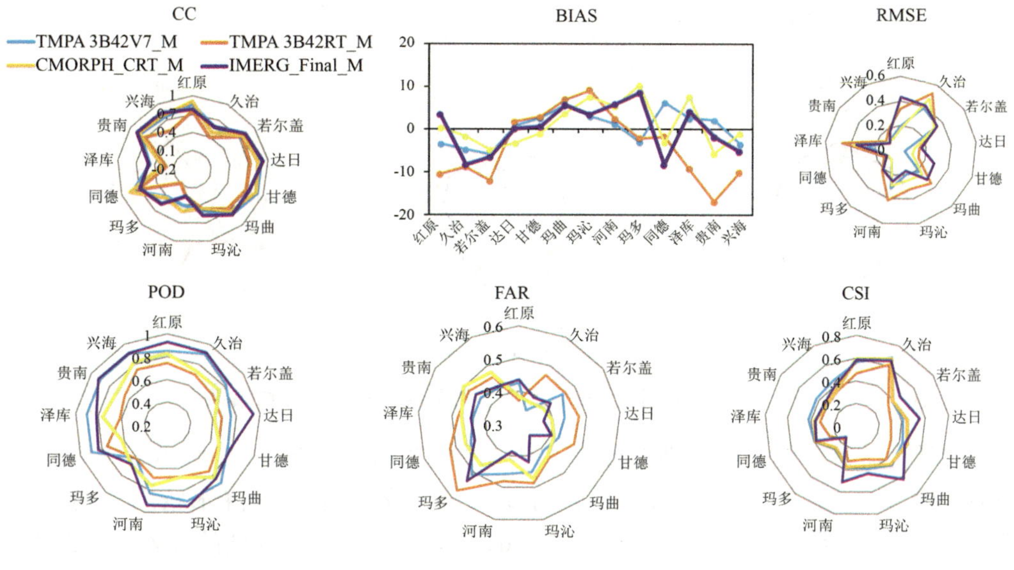

(a) 20150921

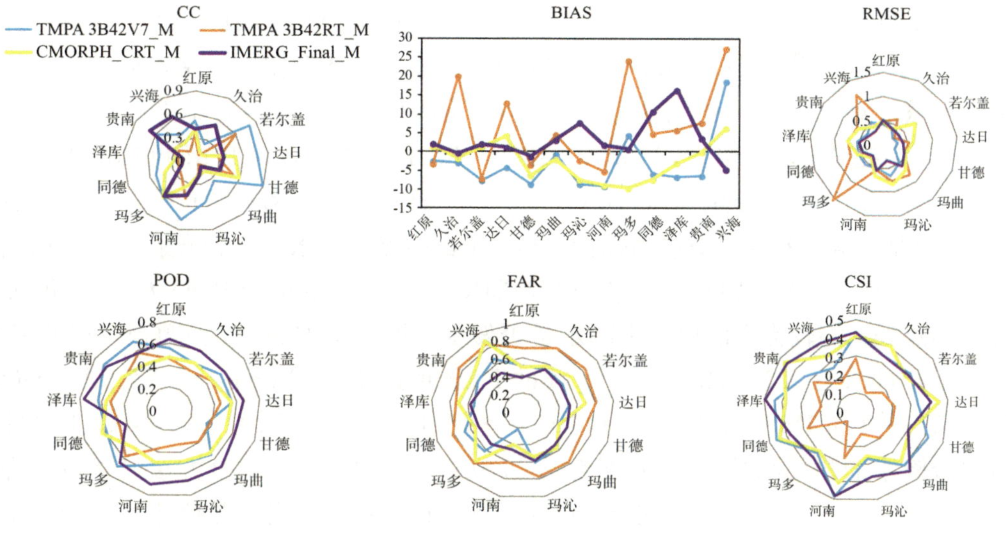

(b) 20161014

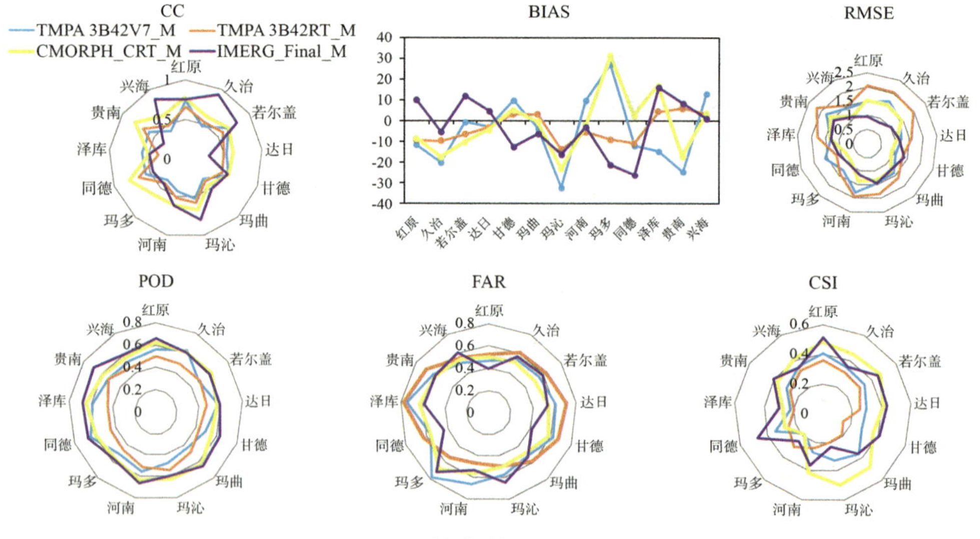

(c) 20180706

图 4.12　黄河源区三场洪水事件融合降水精度评估结果

赣江上游区三场洪水事件的融合结果精度评估结果如图 4.13 所示。主成分回归的加法模型融合 4 种卫星降水产品后的 20120509 号洪水事件降水精度有明显的提升。其中,相关系数(CC)的均值均大于 0.6,TMPA 3B42RT 低估的现象得到改善,融合后的站点平均 BIAS 为−9.4%。各融合结果的 RMSE 均值分别为 1.96 mm、1.78 mm、1.96 mm 和 1.77 mm。降水探测指标也有不同幅度的提升,其中 IMERG_Final_M 的 POD 均值超过 0.7,TMPA 3B42V7_M 和 CMORPH_CRT_M 次之,TMPA 3B42RT_M 的 POD 相对较低。FAR 方面,各融合结果在 7 个站点处的变化趋势基本一致。对于 20130713 号洪水事件,CMORPH_CRT_M 融合结果的 CC 从 0.54 升至 0.76,提升的幅度最大,TMPA 3B42V7_M、TMPA 3B42RT_M 和 IMERG_Final_M 的 CC 均值接近,分别为 0.61、0.6、0.63。融合两种 TRMM 卫星降水产品后的 BIAS 较原数据误差有所增加,低估了安远、于都站点的降水量。融合后的降水探测能力也有所提升,CMORPH_CRT_M 和 IMERG_Final_M 的平均 POD 为 0.84 和 0.8,在各站点处均能较为准确地判别降水是否发生。误报率方面,4 种融合数据的 FAR 均值不超过 0.46,CMORPH_CRT_M 的 FAR 值最小。TMPA 3B42V7_M、CMORPH_CRT_M 和 IMERG_Final_M 的 CSI 均超过 0.5。对于 20140521 号洪水事件,4 种融合降水的相关系数(CC)分别为 0.79、0.58、0.68、0.66,融合方法显著地提升了 TMPA 3B42V7_M 与站点观测降水的相关性。BIAS 方面,各卫星降水产品均有不同程度的低估现象[图 3.11(c)],而融合后各降水的平均 BIAS 分别为−2%、−5.6%、−1%和−1.4%,单站的误差绝对值小于 20%。融合后各数据的降水探测能力相对接近,并且比原始数据的探测率更加准确。通过对两个流域三场洪水事件的融合降水精度分析,可以得出,融合方法可以有效地提升小时尺度卫星数据的精度,从而更加准确地探测洪水事件对应降水的时空分布特征。

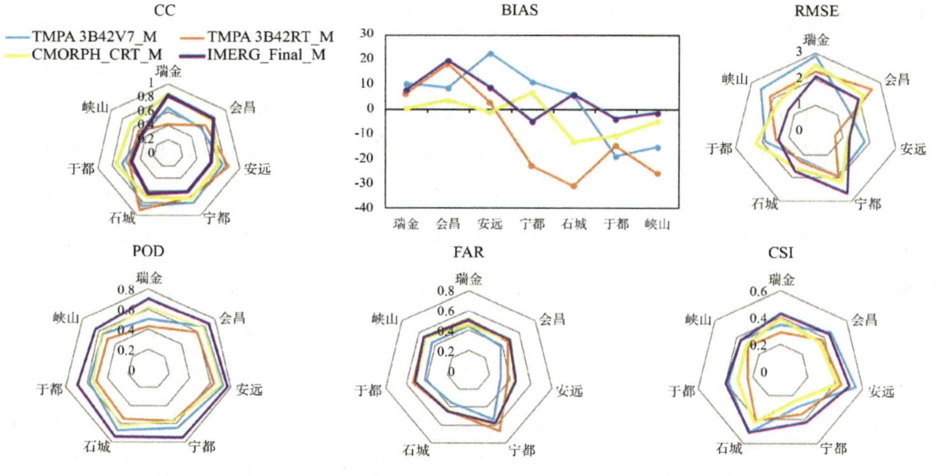

(a) 20120509

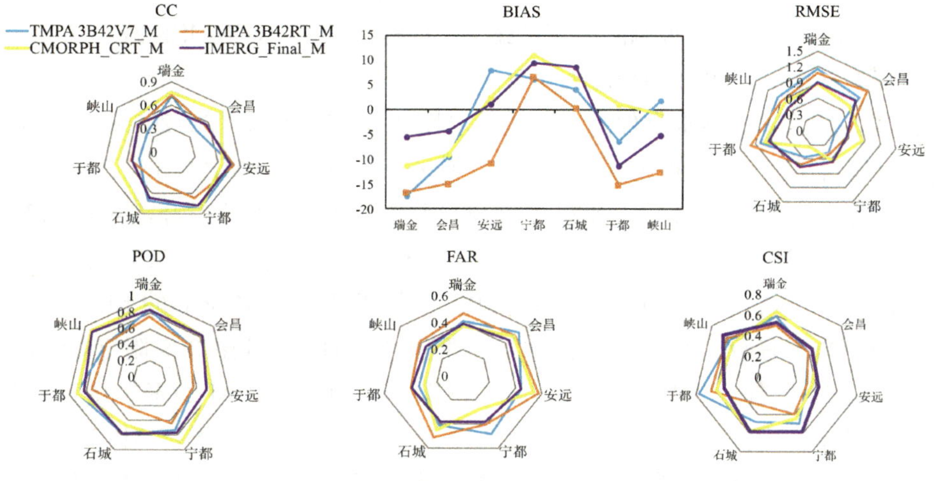

(b) 20130713

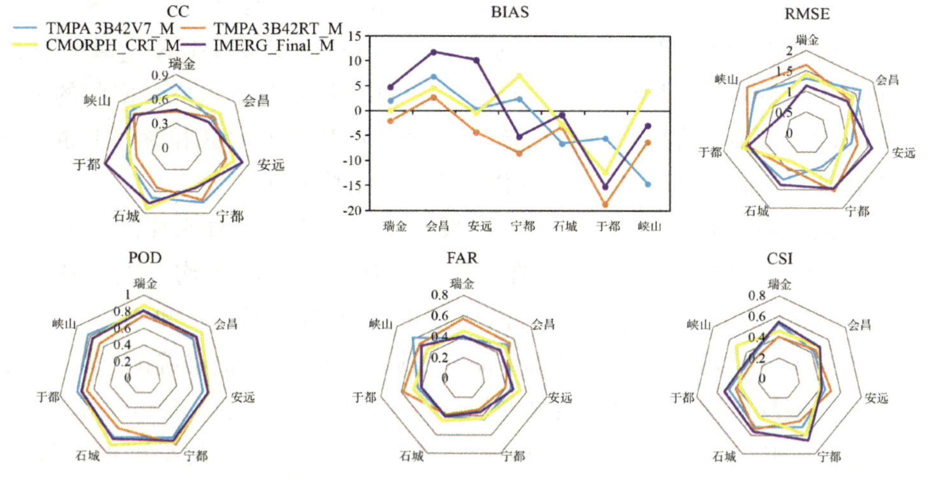

(c) 20140521

图 4.13　赣江上游区三场洪水事件融合降水精度评估结果

图 4.14 为黄河源区与赣江上游区三场洪水事件对应的卫星降水产品、融合降水与观测降水的泰勒统计。从图 4.14(a)可以看出,基于主成分回归的加法融合模型可以有效地提升黄河源区三场洪水事件降水数据的精度,与地面平均降水观测数据更为相近。具体而言,对 20150921 号洪水事件,4 种原始卫星降水的泰勒统计结果(空心)相关系数(CC)低于 0.8,其中 TMPA 3B42V7 的相关系数约为 0.5,标准偏差(SD)比站点观测低 0.2 左右。融合后的 4 种降水数据 CC 大于 0.85,融合结果的分布更接近站点 SD 弧线附近,能够较为准确地描述洪水事件对应降水的时空分布特征。20161014 号洪水事件中,4 种卫星降水产品的 CC 在 0.4 附近,CRMSE 接近 0.25,CMORPH_CRT 和 IMERG_Final 的 SD 落在站点对应 SD 弧线上,TMPA 3B42V7 和 TMPA 3B42RT 的 SD 则略高于弧线。经过融合处理后,CMORPH_CRT_M 和 TMPA 3B42RT_M 的 CC、CRMSE 接近 0.75、0.17,TMPA 3B42V7_M 和 IMERG_Final_M 的 CC、CRMSE 约为 0.88、0.13,与站点观测降水更为相似。20180706 号洪水事件,融合卫星降水与站点观测降水后的结果 CC 提升约 0.2,CRMSE 减小约 0.5,融合处理对提升 3 小时降水观测精度效果显著。

赣江上游区三场洪水事件的泰勒统计如图 4.14(b)所示。20120509 号洪水事件,4 种卫星降水的 SD 均低于实际降水观测的 SD,并且 TMPA 3B42V7 和 TMPA 3B42RT 的 CC 较低;融合后 4 种降水的 SD 得到了较大幅度的提升,TMPA 3B42V7_M 和 TMPA 3B42RT_M 的 CC 也提高至 0.7 和 0.6。对于 20130713 号洪水事件,站点 Gauge 的 SD 约为 3.8,而 TMPA 3B42V7 和 TMPA 3B42RT 的 SD 约为 1.9 和 2.5,与观测数据有较大差异。经过融合处理后二者的 SD 升至 2.9 附近,但是 CC 从 0.8 降至 0.61 左右。IMERG_Final_M 和 CMORPH_CRT_M 的泰勒统计结果较前两者效果更佳。同样的情况也发生在 20140521 号洪水事件上,TMPA 3B42V7 和 TMPA 3B42RT 的 SD 约为 2.5,站点观测降水的 SD 为 4,通过融合步骤处理后二者的 SD 略微低于实测降水的 SD,TMPA 3B42V7_M 的 CC 提升至 0.8。融合步骤减小了 CMORPH_CRT 和 IMERG_Final 的 CRMSE,除 TMPA 3B42RT_M 外其余 3 种融合结果表现出良好的适用性。通过上述分析可以得出,基于主成分回归的融合方法能够提升小时尺度卫星降水产品的性能,更准确地反映黄河源区和赣江上游区洪水事件的降水特征,从而为洪涝灾害预警提供更为可靠的降水来源。

黄河源区和赣江上游区各融合降水结果对三场洪水事件降水探测能力的混淆矩阵如图 4.15 所示。总体上融合结果在各降水等级中的探测率均令人满意。具体而言,对于黄河源区 20150921 号洪水事件,虽然 TMPA 3B42V7_M 和 TMPA 3B42RT_M 的混淆矩阵对于无降水时段的准确度略低于原始降水产品的准确度,但是对于降水发生的各个等级降水准确度均有明显的提升,在 0.1～1 mm、1～5 mm 和 5～10 mm 3 个类别的降水中,TMPA 3B42V7_M 和 TMPA 3B42RT_M 的准确度超过 50%和 30%,对于大于 10 mm/3 h 级别的降水二者的值分别为 0.22 和 0.20。CMORPH_CRT_M 和 IMERG_Final_M 数据对于大于 0.1 mm/3 h 的统计指标较原始数据也有

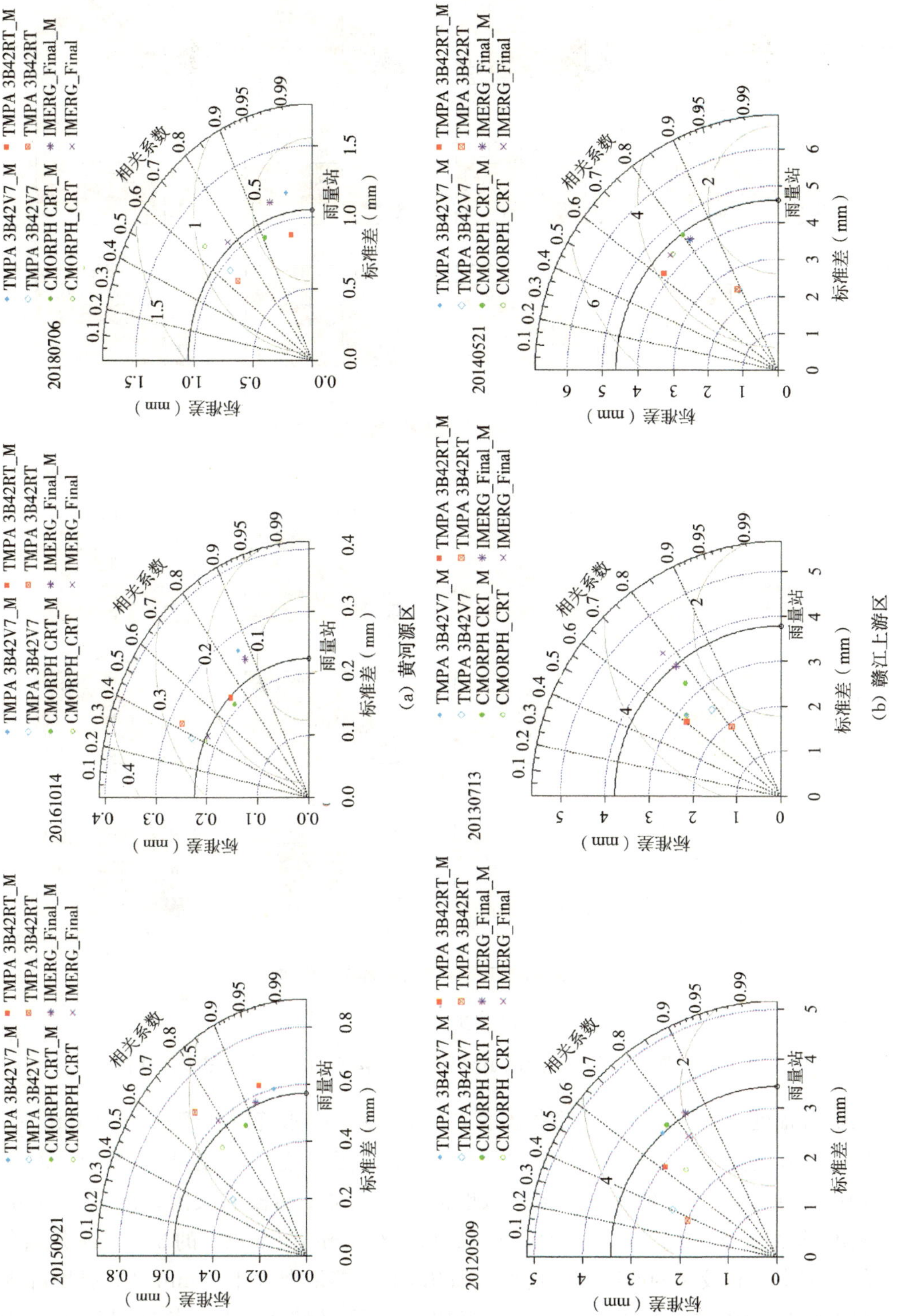

（a）黄河源区

（b）赣江上游区

图 4.14　黄河源区与赣江上游区 3 小时卫星降水、融合降水与观测值的泰勒图

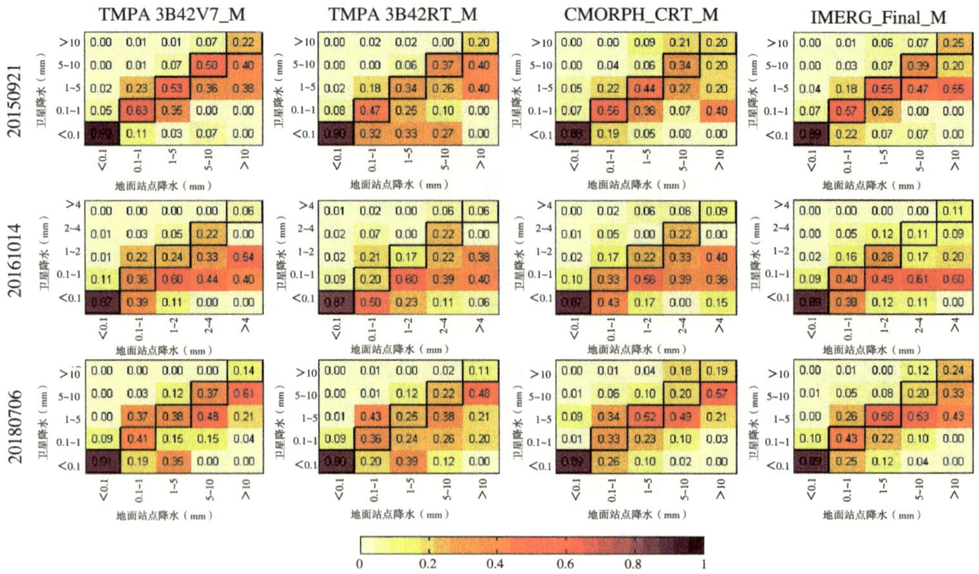

(a) 黄河源区

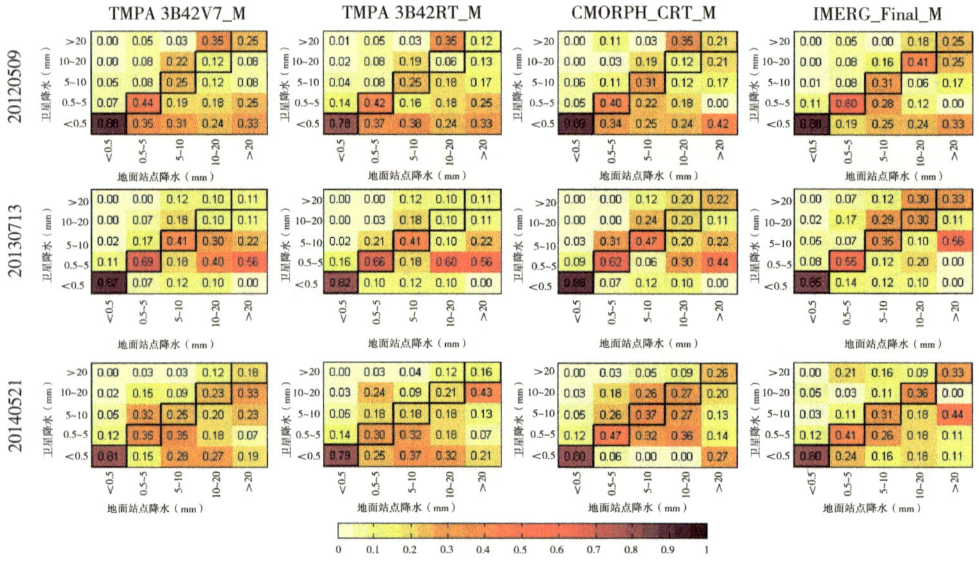

(b) 赣江上游区

图 4.15　黄河源区与赣江上游区小时尺度融合降水与站点观测的混淆矩阵

较高的提升幅度。对于原始降水数据而言，在站点观测降水范围介于 0.1～1 mm 时，4 种卫星降水统计无降水的概率均大于 50%，而融合后这一现象明显减轻。对于 20161014 号洪水事件，4 种融合降水轻微地提升了无降水时段和大雨时段（>4 mm）的准确度，结果介于 0.87～0.89 和 0.06～0.11。对 4 mm/3 h 以下的 3 个时段各融合结果的探测率都有较大的改善。然而可以看出，融合结果在大于 4 mm/3 h 级别降水的探测准确度仍不高，其原因可能是这场降水的量级较小，且站点观测降水大于 4 mm 的时段很少，而卫星降水产品的数据未观测到这一类别的降水，因此融合方法对改善超过 4 mm 降水类别的准确度效果不明显。20180706 号洪水事件的融合结果混淆矩阵反映了 TMPA 3B42V7_M、TMPA 3B42RT_M 结果大于 10 mm 的降水类别准确度比原始产品对应的准确度高了 10%和 7%,CMORPH_CRT_M 和 IMERG_Final_M 的增幅略小。所有融合结果在 0.1～1 mm 类别处的准确度大于 30%,在 1～5 mm 类别中 CMORPH_CRT_M 和 IMERG_Final_M 的值高于 0.5,而在 5～10 mm 级别处 TMPA 3B42V7_M 表现出最好的探测能力,准确度为 37%。

融合方法大大增加了 4 种卫星降水产品在赣江上游区 20120509 号洪水事件 5 mm以上降水探测的准确度,增加了降水数据的可靠性。通过融合处理各卫星降水产品低估站点实测降水的现象得到有效缓解,融合后 5 mm 以上 3 个时段各降水探测准确度的幅度介于 0.4～0.6、0.25～0.31、0.12～0.25。对应 20130713 号洪水,融合后 TMPA 3B42V7_M 在 0.5～5 mm 和 5～10 mm 等级的准确度增至0.45和 0.18,但是在 10～20 mm 和大于 20 mm 两个等级内的值有所降低,分别为0.1和 0.11。IMERG_Final_M 结果在 10～20 mm 和大于 20 mm 两个降水级别的探测能力最佳,准确度为0.3～0.33。对 20140521 号洪水事件,融合方法显著增加了各卫星产品超过 0.5 mm/3 h 的准确度,4 个降水等级的结果范围为 0.3～0.47、0.18～0.37、0.21～0.36 以及 0.16～0.33。对比黄河源区和赣江上游区各自洪水事件的混淆矩阵结果,可以看出,对于降水等级较低的类别,黄河源区各融合结果准确度较高,而对于较大降水等级而言,赣江上游区的结果更优。从不同降水等级下融合降水探测能力准确度比较图(图 4.16)中可以看出,融合后各降水级别之间的准确度斜率有较为规律的递减趋势,且融合后各数据间的统计差异略大于原卫星降水产品在不同等级下的差异。

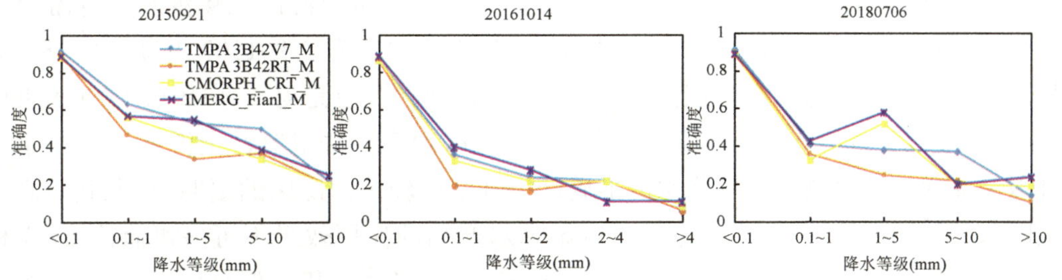

(a) 黄河源区

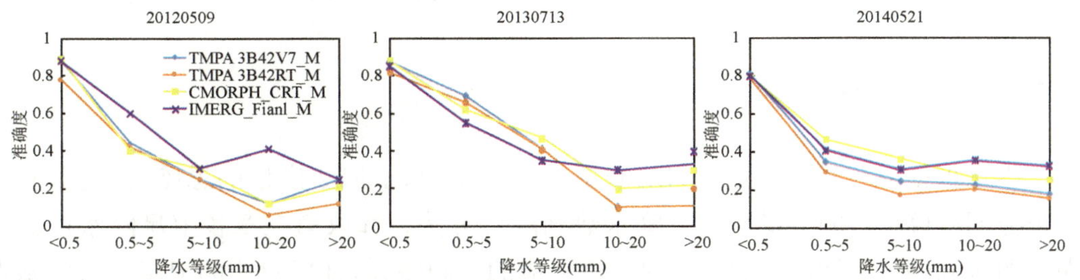

(b) 赣江上游区

图 4.16　不同降水等级下小时尺度融合降水探测能力准确度比较

4.3.4 融合方法对不同卫星产品的效用分析

根据本章的研究，可以看出，在通常情况下，融合方法结合了卫星降水数据和地面观测降水资料后会产生更加精确的降水空间分布。值得注意的是，同一种融合方法可能对不同卫星降水数据产生不同的效用，并且这些影响在不同地貌特征的流域中也有所不同。以往的大多数研究都集中在对比不同融合方法对卫星降水和站点观测结合的性能研究。例如，Hasan 等[124]通过比较澳大利亚雨量站的观测数据与融合结果来评估集中融合方法的性能；Mateus 等[125]将最优插值法和逐次矫正法（SCM）这两种经典的方法用于合并地面观测和卫星降水产品。结果表明，采用 Cressman 方案的 SCM 融合方法提供了更好的结果。然而，很少有研究分析融合方法对不同卫星降水产品的作用效果对比。从融合结果和原卫星降水产品在两个流域日尺度的混淆矩阵（图 4.10 和图 3.8）中能够直观地总结融合方法对不同数据源的效果。在黄河源区，融合 TMPA 3B42V7、CMORPH_CRT、IMERG_Final 得到的降水模拟结果显著地提升了 5～10 mm、10～20 mm、20～30 mm 以及 30～40 mm 这 4 个降水级别的准确度，而 TMPA 3B42RT_M 在此范围的探测率变化幅度相对较缓。对于大于 40 mm 类别的降水，CMORPH_CRT 卫星数据的值从 0.06 升至融合后的 0.28，提升效果最好。这一现象并未出现在赣江上游区，经融合处理后的各卫星降水数据在对应的降水类别处探测准确度均有所提升。对于小时尺度，赣江上游区 20130713 号洪水事件融合处理 TMPA 3B42V7 和 TMPA 3B42RT 后的泰勒统计 SD 由 1.9 和 2.5 升至 2.9 附近，但是 CC 从 0.8 降至 0.61 左右。同样的，20140521 号洪水事件 TMPA 3B42RT 的 SD 从 2.5 升至 3.8 附近，但是 CC 略有下降，从 0.8 降至 0.62。从黄河源区三场洪水事件融合前后的混淆矩阵（图 4.15 和图 3.12）可以看出，融合方法提升了 20150921 号和 20180706 号洪水事件各卫星降水产品探测高等级降水的准确度，但是对 20161014 号洪水事件 4 mm/3 h 以上的降水准确度无显著提升。此外，融合方法对赣江上游区三场洪水事件卫星降水产品探测各级别降水的准确度提升幅度较黄河源区的更明显，尤其是高等级降水的探测率。因此，融合方法对卫星降水产品的作用效果不可一概而论，还需根据具体流域、卫星降水数据来源、降水事件类型进行具体分析。但总体而言，基于主成分回归的加法融合模型对改善卫星降水数据精度有很大的潜力。

4.4 本章小结

本章根据卫星降水背景场和地面站点观测场，基于加法模型的思路，构建了基于主成分回归（PCR）的卫星与站点降水数据融合方法。选取第三章各卫星降水产品在黄河源区和赣江上游区月、日、小时尺度对应的时间序列，开展对应的卫星降水与站点观测数据融合研究，并评估融合结果的精度。本章主要内容和结论如下：(1) 基于加法融合模型原理，对降水误差场的估计选取主成分回归模型，有效地避免自变量间多重共线性的问题,同时引入经纬度、高程、坡度、坡向的宏观与微观地形因子,更精细地修正降水背景场信息。构建了基于 TMPA 3B42V7、TMPA 3B42RT、CMORPH_CRT 以及 IMERG_Final 卫星数据的月、日、小时尺度的融合模型。(2) 对月尺度 4 种卫星降水产品进行融合处理后,各融合结果在黄河源区和赣江上游区较原卫星产品精度有所提升。融合结果的 3 个统计指标在黄河源区上有显著提升,TMPA 3B42V7_M、CMORPH_CRT_M 和 IMERG_Final_M 的范围介于−40%~40%,TMPA 3B42RT_M 的 BIAS 减小至 10%~150%。TMPA 3B42V7_M、CMORPH_CRT_M 和IMERG_Final_M 的相关系数在空间上大部分地区都超过 0.9。4 个融合结果在赣江上游区的月降水相对观测值的 BIAS 从原始的−20%~50%减至−15%~30%,所有融合结果的 CC 绝大多数都在 0.8 以上,RMSE 的值也从 20~160 mm 减至 20~100 mm。(3) 黄河源区和赣江上游区各站点处卫星降水产品与融合产品的日降水量泰勒图显示了融合产品的统计结果更加靠近 Gauge 点,表明融合方法与实际降水空间场的相似度更高。融合后的各降水序列减轻了原始卫星数据在黄河源区降水量集中于 0.1~1 mm 之间的现象,提高了与实测降水的相关性。在赣江上游区,4 种卫星降水产品无水日和小降水类别(0.1~5 mm)的探测能力经过融合处理后显著提升。(4) 基于主成分回归的加法融合模型可以有效地提升黄河源区和赣江上游区三场洪水事件降水数据的精度,与地面平均降水观测数据更为相近。对比两个流域每场洪水事件的混淆矩阵结果可以看出:对于降水等级较低的类别,黄河源区各融合结果准确度较高;而对于较大降水等级,赣江上游区的结果更优。融合结果可更准确地反映黄河源区和赣江上游区洪水事件的降水特征,从而为洪涝灾害预警提供更加可靠的降水来源。(5) 融合方法对不同种类卫星降水产品的效果不一样,且经融合处理后部分结果的 BIAS 或 CC 较原降水数据有所下降,因此需要分析降水数据来源、流域特征等条件,作用效果不可一概而论。总体而言,融合方法改进了卫星降水产品的精度,基于主成分回归的加法模型对降水融合的研究提供了重要参考。

第五章

多源降水信息在流域水文模拟中的应用

5.1 本章概述

第三章与第四章着重分析了各种卫星降水产品及其降水数据融合结果在黄河源区和赣江上游区的月、日、小时尺度降水时空特征估计能力研究。而降水作为流域水文水资源分析的输入端，其精度大小对径流模拟有重要的影响。因此，本章进一步探讨卫星降水产品与降水融合数据作为水文模型输入来模拟历史月、日、洪水事件中的水文效用。同时通过开展水文应用研究，也可以间接评估不同降水输入的精度。本章在黄河源区和赣江上游区分别构建新安江水文模型，分别以卫星遥感降雨产品和卫星-站点融合产品作为模型输入，评估两个流域 2008—2013 年月、日径流模拟及三场洪水事件模拟的应用效果。

5.2 水文模型构建

新安江(XAJ)模型是由赵人俊等[126]开发的一种集总式概念性水文模型，其广泛应用于中国、日本、越南等亚洲国家的湿润、半湿润流域，用于洪水预报、水资源评估等研究。任立良[127]基于 DEM 考虑流域地形的空间差异性，应用新安江模型构建了松散耦合型的分布式数字水文模型。在本书中，采用 XAJ 模型的修改版本[128]，即将基于栅格的 XAJ 模型(GRIDXAJ)用于水文模拟。袁飞等[129]基于数字高程模型构建了栅格型的分布式水文模型，栅格间采用了考虑区间侧向入流的马斯京根-康吉(Muskingum-Cunge)法进行“边合边演”的汇流演算。GRIDXAJ 能够充分考虑气候因子和下垫面因子的空间不均匀性，采用更精细的尺度进行水文过程模拟，以此描述流域内部的水文过程。

5.2.1 模型基本原理

(1) 模型构建流程

GRIDXAJ 模型基于数字流域水系建立，是以新安江模型为核心的松散耦合型分布式流域水文模型。首先在每个栅格内进行产流计算，划分三水源(地表、壤中和地下径流)，各栅格按照流向在坡地上进行坡地汇流，在河道内运用 Muskingum 分段连续演算法进行河道汇流。图 5.1 为 GRIDXAJ 模型构建流程图。

GRIDXAJ 模型是一个分散参数的概念性模型。其产流部分是蓄满产流模型，适用于湿润地区与半湿润地区；蒸散发分为三层：上、下层和深层；水源分为地表、壤中和地下径流 3 种水源；汇流分为坡地、河网汇流两个阶段。

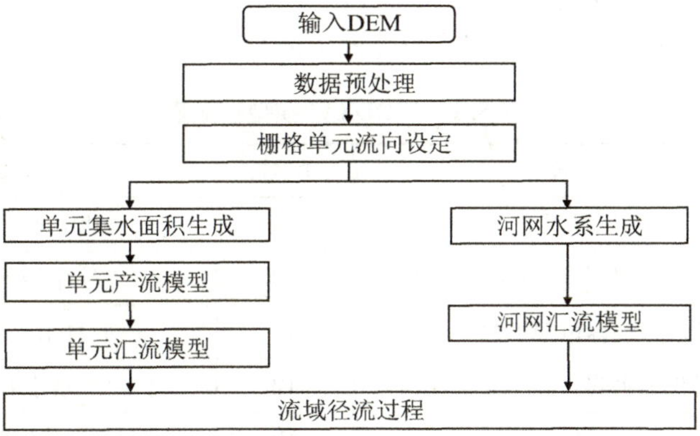

图 5.1 GRIDXAJ 模型构建流程图

(2) 产流计算

GRIDXAJ 模型中,产流量计算采用蓄满产流理论。蓄满指的是包气带的含水量达到田间持水量,因此在土壤湿度未达到田间持水量时不产流,所有降雨都被土壤吸收,成为张力水;而当土壤湿度达到田间持水量后,所有降雨(减去同期蒸发)全部产流。

GRIDXAJ 模型中的蒸散发计算采用三层蒸发计算模式。各层蒸散发的计算原则如下:上层按蒸散发能力蒸发,上层含水量不够蒸发时,剩余蒸散发能力从下层蒸发,下层蒸发与剩余蒸散发能力及下层含水量成正比,与下层蓄水容量成反比。要求计算的下层蒸发量与剩余蒸散发能力之比不小于深层蒸散发系数。否则,不足部分由下层含水量补给,当下层不够补给时,用深层含水量补。如果土壤含水量达到凋萎含水量则蒸散发终止。

GRIDXAJ 模型的水源划分采用自由水蓄水库,自由水蓄水库设置两个出口,其出流系数分别为 KI 和 KG。产流量 R 进入自由水库内,通过两个出流系数和溢流的方式把它分成地面径流(RS)、壤中流(RI)和地下径流(RG)。

由于饱和坡面流的产流面积在不断变化,自由水的蓄水能力在产流面积(FR)上的分布也是不均匀的。参照张力水分布不均匀的处理方式,自由水蓄水能力在产流面积上的分布通过一条抛物线表示。

(3) 汇流计算

汇流方面,在日流量模拟时采用“先演后合”法,而场次洪水模拟时则采用“边合边演”法。“先演后合”法是将各栅格单元的径流过程按水流方向直接演算到流域出口断面处叠加形成流域总径流。“边合边演”法则是每计算一个网格便叠加一次,再计算下一个网格。利用“边合边演”法可以获得任意栅格的洪水过程,满足洪水预警的需要。坡地采用线性水库对地表径流(RS)、壤中流(RI)和地下径流(RG)进行汇流计算,河道内的水流运动采用马斯京根-康吉[130-131](Muskingum-Cunge)法计算。

(4) 模型参数确定方法

GRIDXAJ 模型具有 16 个参数，如表 5.1 所列。

表 5.1 GRIDXAJ 模型参数表

序号	参数	序号	参数
1	蒸发折算系数 Kc	9	地下水出流系数 KG
2	张力水蓄水容量 WM (mm)	10	壤中流出流系数 KI
3	上层张力水容量 WUM (mm)	11	流域自由水蓄量 SM (mm)
4	下层张力水容量 WLM (mm)	12	自由水蓄水容量曲线指数 EX
5	张力水蓄水容量曲线指数 B	13	马斯京根法蓄量常数 K (h)
6	深层蒸散发折算系数 C	14	马斯京根法流量比重因子 X
7	地下水消退系数 CG	15	河网消退系数 CS
8	壤中流消退系数 CI	16	特征河长 DK (栅格距离)

表中各参数的物理意义如下：

a. 蒸发折算系数(Kc)

蒸发折算系数是将器皿蒸发转换成流域蒸发能力的比例系数。蒸发折算系数值的大小取决于蒸发器皿的类型和蒸发器皿与流域地理位置之间的差异。一般多用 E-601 蒸发器皿观测蒸发资料，蒸发器皿地理位置与流域地理位置差别不大时，蒸发折算系数的值在 0.7～1.5 之间。

b. 张力水蓄水容量、上层和下层张力水容量(WM、WUM 和 WLM)

流域土壤含水量是反映前期气象条件的一个状态变量，张力水蓄水容量(WM)就是流域平均土壤含水量的上限，相当于流域最干旱时的缺水量。WM 在南方湿润地区约为 100～140 mm，半干旱地区约为 140～200 mm，干旱地区约为 200～300 mm。上层张力水容量(WUM)与流域地面条件有关，若流域坑洼、植被、地表疏松层截水较多，该值就大些，反之小些。WUM 的变化范围一般在 10～30 mm 之间，常用的值是 20 mm。下层张力水容量(WLM)的变化范围一般在 60～90 mm 之间，常用的值是 80 mm。

c. 张力水蓄水容量曲线指数(B)

张力水蓄水容量曲线指数(B)反映流域张力水蓄水容量分布的均匀程度。B 值越小，表示流域上张力水蓄水容量的分布越均匀，反之表示越不均匀。一般经验，流域愈大，各种地形地质配置愈多样，B 值也愈大。一般 B 的取值范围在 0.1～0.5 之间，0.2～0.3 是常取的值。

d. 深层蒸散发折算系数(C)

深层蒸散发折算系数是反映深层蒸发速率的一个参数。在湿润地区，C 常取 1/6 左右。

e. 分水源参数 SM、EX、KI 和 KG

水箱结构划分水源有 4 个参数，分别为流域自由水蓄水量(SM)、自由水蓄水容量曲线指数(EX)、壤中流出流系数(KI)和地下水出流系数(KG)。

流域自由水蓄水量(SM)主要取决于下垫面的地质结构。如果流域植被良好，高山森林比例大，河流切割深，下垫面裂隙发育完善，或多岩溶、喀斯特地质构造，壤中流和地下径流丰富，那么 SM 值就大；如果流域植被差，下垫面为土质构造，则 SM 值就小些。SM 值的一般变化范围在 5～60 mm 之间。

自由水蓄水容量曲线指数(EX)反映流域自由水蓄水容量分布的均匀程度。EX 值越小，表示分布越均匀，反之表示越不均匀。

壤中流和地下径流出流系数 KI 和 KG，主要反映壤中流和地下径流出流的速度及壤中流和地下径流间的比例。KI+KG 影响直接径流的退水天数，中等流域的退水天数为 3～5d，则 KI+KG 值在 0.7～0.8 左右。而且，KI/KG=RI/RG，其中 RI 和 RG 分别为由实测流量过程分析得到的壤中流和地下径流。据此，可估计出 KI 和 KG 的初值。

f. 单元面积汇流参数(CI、CG、CS)

从自由水蓄水库底孔流出的 RG 和从边孔流出的 RI，分别进入各自的水库，并均按线性水库结构模拟出流。壤中流消退系数(CI)和地下水消退系数(CG)分别反映了壤中流线性水库和地下水线性水库的退水系数，CI 和 CG 越大，则退水越慢，反之退水越快；且 0<CI<CG<1。河网消退系数 CS 则反映单元面积河网退水的快慢。

g. 河段汇流参数(K 和 X)

单元面积以下的河段汇流采用马斯京根法分段连续演算结构，有 K 和 X 两个参数，前者为蓄量常数，后者为流量比重因子。蓄量常数与河段长、河道平均坡降有关，河段越长，河道平均坡降越小，K 值就越大，反之越小。流量比重因子(X)，反映洪水波在河段传播过程中的坦化程度，X 值越小，表示坦化作用越大，反之越小。X=0.5，表示不坦化。

5.2.2 模型率定与验证

在本书中，黄河源区和赣江上游区分别被分为 250 个和 40 个分辨率为 0.25 °的网格单元。采用第二章生成的 PCR 降水数据作为输入驱动 GRIDXAJ 模型。本书选取的黄河源区及赣江上游区出口断面的观测流量数据来自水文年鉴，包括唐乃亥水文站与峡山水文站 2008—2013 年逐日流量资料，以及唐乃亥水文站三场洪水事件(2015 年 9 月 21 日至 10 月 4 日、2016 年 10 月 14 日至 27 日、2018 年 7 月 6 日至 23 日)和峡山水文站三场洪水事件(2012 年 5 月 9 日至 20 日、2013 年 7 月 13 日至 19 日、2014 年 5 月 21 日至 25 日)。洪水事件的数据间隔从几分钟至几小时不等，采用线性插值方法将洪水数据转换为 3 小时的时间间隔。这些历史流量数据用于率定水文模型参数。

对于黄河源区而言，采用 HBV 模型[132]的积雪模块，通过度日因子(Degree Day Factor)计算每个网格单元中的融雪过程，并使用三层土壤蒸散发(ET)和蓄满产流理论计算每个单元实际的 ET 和径流[112]。考虑黄河源区没有积雪数据，积雪模块中的 3 个参数如度日因子、降水阈值温度、融雪阈值温度预先设定为 4 $mmd^{-1}℃^{-1}$、3.3℃以及 0℃[132]。数值模拟方案如下：

a. 前处理：基于 SRTM－90 m 分辨率的 DEM 数据，运用 ArcGIS 软件 ArcHydro 模块计算黄河源区和赣江上游区的流域边界、栅格水流方向和汇流演算次序。

b. 日径流过程模拟：选取 0.25°空间分辨率的栅格作为 GRIDXAJ 模型产汇流计算的基本单元；根据日降水、流量数据的获取情况，模拟 2008—2013 年以来两个流域的日径流过程。

c. 次洪过程模拟：根据流域雨洪数据的获取情况，模拟黄河源区和赣江上游区三场典型洪水过程。

GRIDXAJ 模型中的部分参数需根据流域历史降雨径流资料率定，率定的目标准则是使得根据参数值计算的出口断面流量与断面实测流量拟合最优(或较优)。利用数学手段进行模型参数率定成为计算机时代比较高效的途径。关于参数率定的方法研究已较为成熟，对于分布式水文模型的参数率定，面向全局优化的遗传算法(Genetic Algorithm，简称 GA)[133]、SCE－UA 算法(Shuffled Complex Evolution)[134]、贝叶斯方法(Bayesian Method)[135]和 GLUE 方法(Generalized Likelihood Uncertainty Estimation)[136]最为常用。本书采用 SCE－UA 方法自动率定模型参数和初始状态，模型参数率定的步骤如图 5.2 所示。对日尺度径流而言，尽管 Nash-Sutcliffe 效率系数(NSE)最大值是水文模型优化的常用目标函数，但是往往倾向于重视高流量且优化后的模型可能无法准确捕捉低流量的过程。为了寻找综合表征高流量和低流量过程的模型参数，我们使用 NSE 和对数转换 NSE(LogNSE)作为目标函数。对于三场洪水事件，则更关注对于洪峰流量模拟效果的优劣程度，因此选用 NSE 作为目标函数。NSE 与 LogNSE 的表达式为

$$NSE = 1 - \frac{\sum_{i=1}^{n}(Q_i^s - Q_i^o)^2}{\sum_{i=1}^{n}(Q_i^o - \overline{Q^o})^2} \tag{5-1}$$

$$LogNSE = 1 - \frac{\sum_{i=1}^{n}[\log(Q_i^s) - \log(Q_i^o)]^2}{\sum_{i=1}^{n}[\log(Q_i^o) - \overline{\log(Q^o)}]^2} \tag{5-2}$$

式中，n 为观测或计算的径流序列样本；Q_i^o 和 Q_i^s 分别代表观测和计算的径流时间序列(m^3/s)；$\overline{Q^o}$ 和 $\overline{\log(Q^o)}$ 分别为平均观测径流和平均对数转换观测径流(m^3/s)。除此之外，还采用相对误差(BIAS)、相关系数(CC)来评估径流模拟的性能，其表达

形式见表 3.1。

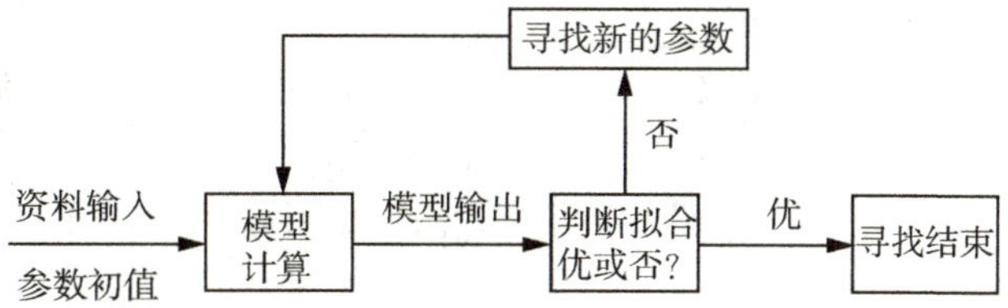

图 5.2　模型参数率定框图

模型参数通过使用基于地面站点的观测降水数据模拟的径流序列与实测径流序列拟合来校准。基于以前的研究，新安江模型可以捕获黄河源区和赣江上游区水文的关键特征[112, 137]，因此适合评估不同来源降水的水文效用。由于流域水文的初始状态对水文模拟有显著的影响，因此采取长时段的历史水文过程模拟结束时的流域状态和参数变量作为评估不同来源降水的模型初始状态。经过历史水文过程的充分预热，模型的各状态变量接近真实状态。因此，在本书中，对于黄河源区和赣江上游区的日径流模拟[138]，率定期为 1961 年 1 月 1 日—1981 年 12 月 31 日，验证期为 1982 年 1 月 1 日—1987 年 12 月 31 日；对于洪水事件模拟，事件一和事件二的时间跨度被选为率定期，事件三的时间周期为验证期。之后统一将主成分回归站点插值结果驱动的 GRIDXAJ 模型模拟得到的流域状态变量作为模拟出发点，分别采用 4 种卫星降水产品和 4 种降水融合结果作为日径流模拟和次洪模拟的模型输入，驱动黄河源区和赣江上游区 GRIDXAJ 模型进行 2008—2013 年日尺度水文模拟以及三场洪水事件模拟，对比分析各种输入驱动下水文模拟的结果，从而讨论卫星降水产品和融合卫星-站点降水数据在各流域水文模拟中的应用效果。

表 5.2 为黄河源区和赣江上游区 SCE-UA 参数率定结果以及日流量模拟精度。从表中可以看出，采用 PCR 法的地面降水插值数据作为输入的径流模拟结果精度较高，率定期和验证期的确定性系数（NSE）和对数化确定性系数（LogNSE）的值均在 0.85 以上，并且径流深相对误差（BIAS）的绝对值低于 5%。图 5.3、图 5.4 为 GRIDXAJ 模型模拟黄河源区和赣江上游区历史时期出口断面日流量过程线以及与实测流量之间的偏差。整体而言，GRIDXAJ 模型能够较好地模拟黄河源区和赣江上游区历史日流量过程，模拟值与实测值匹配良好。因此，采用 GRIDXAJ 模型对黄河源区和赣江上游区的日径流过程模拟是可行的。

表 5.2　黄河源区和赣江上游区历史水文过程模拟参数优选与径流误差分析

典型流域		黄河源区			赣江上游区				
参数率定结果		径流模拟结果			参数率定结果		径流模拟结果		
WUM	20.545	率定期	年份	1961—1980	WUM	38.125	率定期	年份	1961—1980
WLM	98.233				WLM	70.048			
WDM	40.148		NSE	0.892	WDM	17.593		NSE	0.941
Kc	0.587		LogNSE	0.857	Kc	0.726		LogNSE	0.927
B	0.5		BIAS(%)	−2.6	B	0.5		BIAS(%)	0.9
C	0.14				C	0.175			
SM	94.372				SM	15.631			
EX	2				EX	1			
KG	0.284				KG	0.355			
KI	0.416	验证期	年份	1981—1987	KI	0.345	验证期	年份	1981—1987
CS	0.44		NSE	0.878	CS	0.482		NSE	0.926
CI	0.9		LogNSE	0.871	CI	0.87		LogNSE	0.884
CG	0.996		BIAS(%)	−1.9	CG	0.979		BIAS(%)	−1.6
K_m	26.523				K_m	27.766			
X_m	0.003				X_m	0.297			

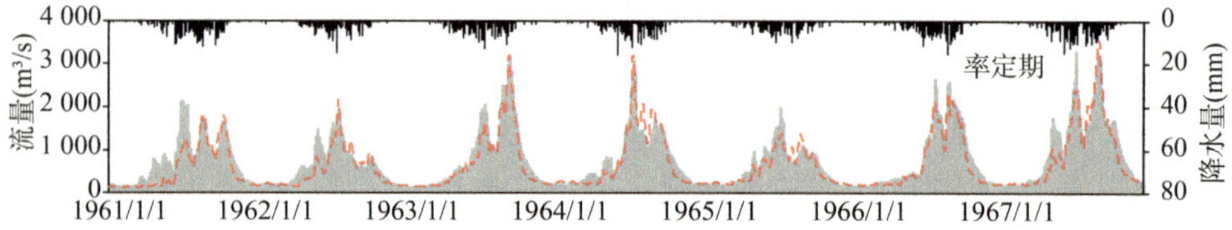

流量过程(1961—1967)

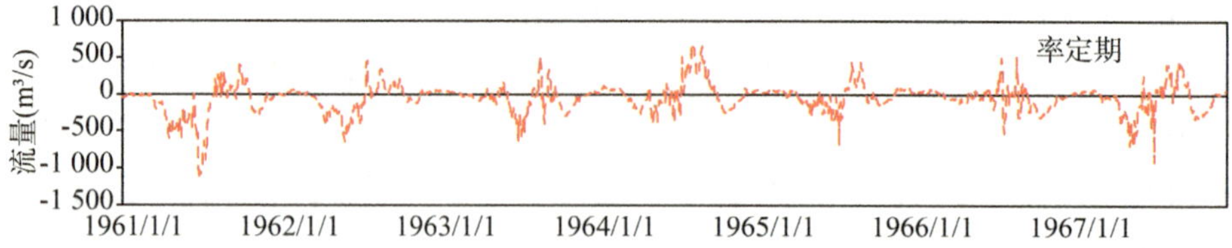

流量对比(1961—1967)

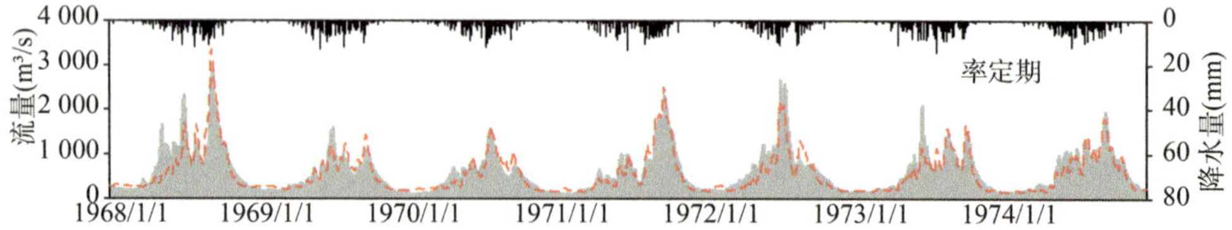

流量过程(1968—1974)

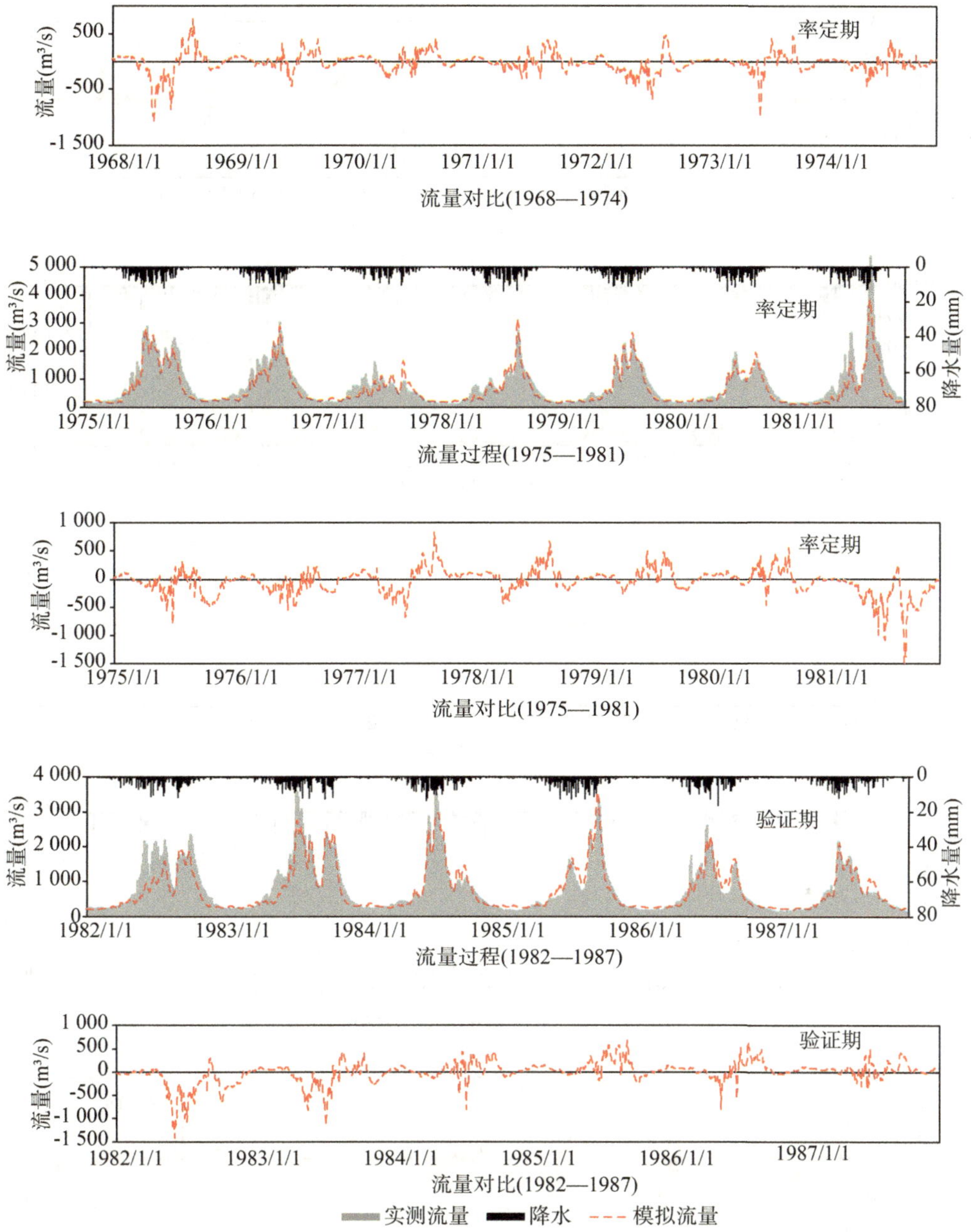

图 5.3　GRIDXAJ 模型模拟黄河源区历史时期出口断面日流量过程及与实测流量对比

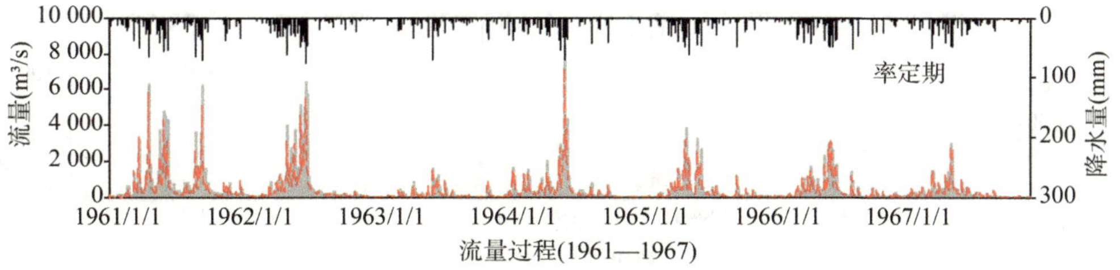

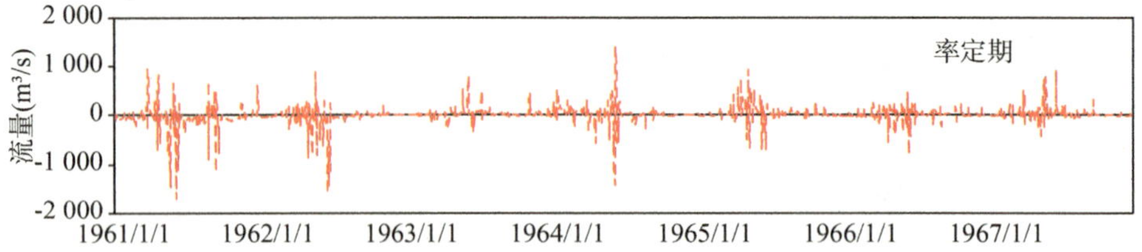

流量对比(1961—1967)

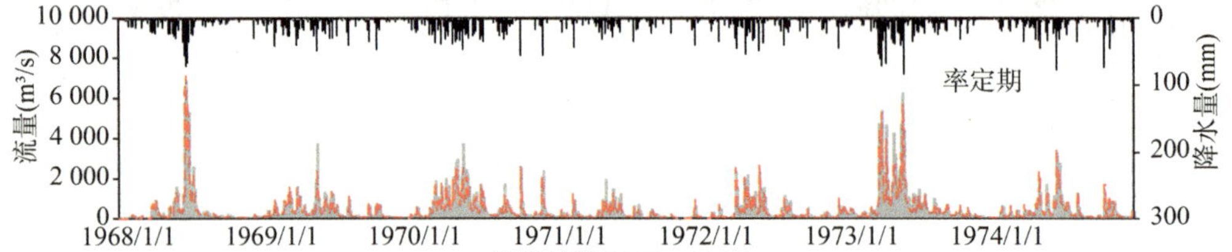

流量过程(1968—1974)

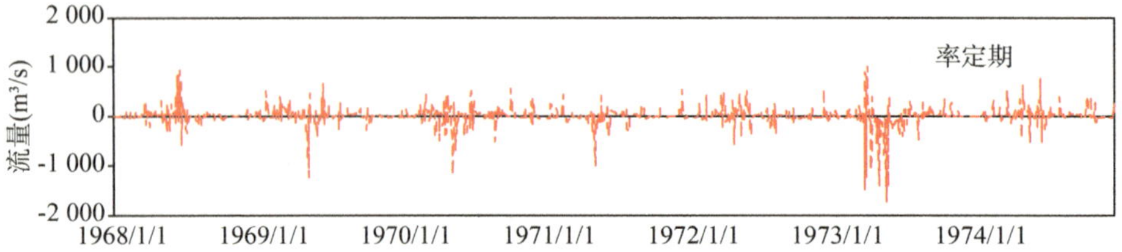

流量对比(1968—1974)

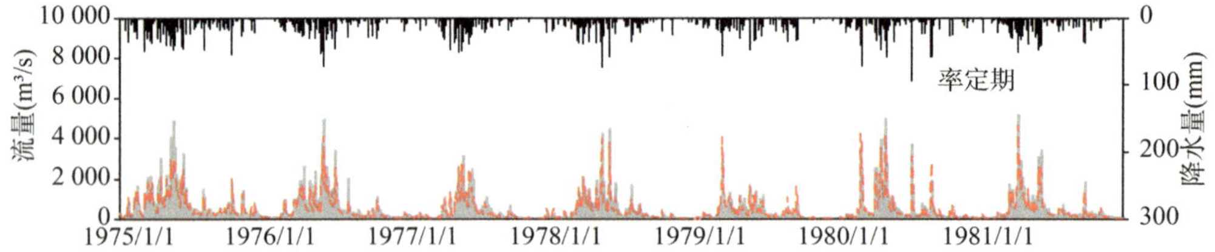

流量过程(1975—1981)

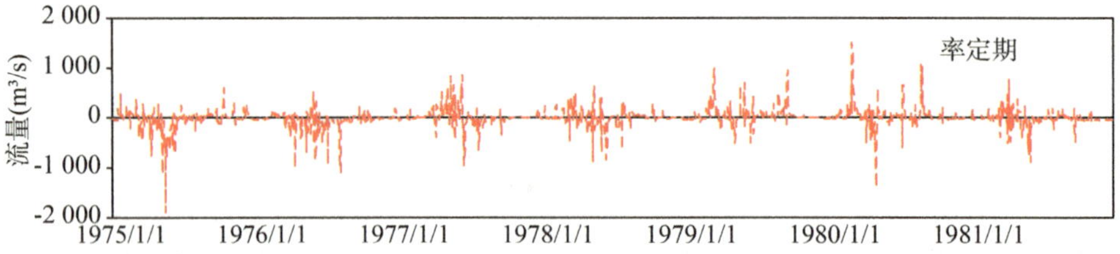

流量对比(1975—1981)

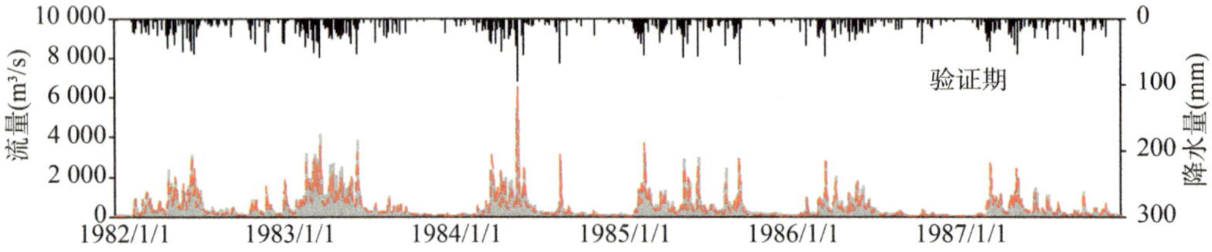

流量过程(1982—1987)

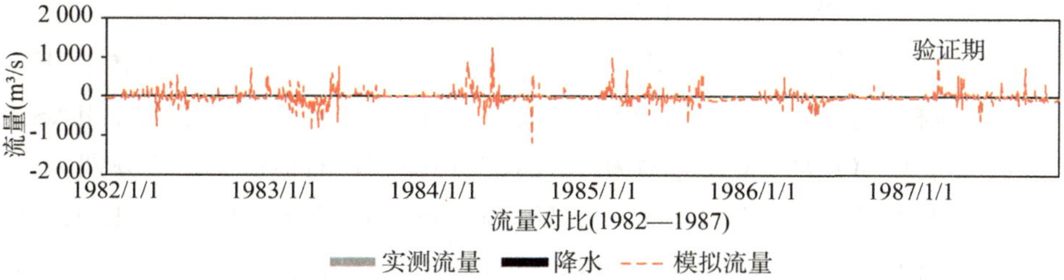

(b) 赣江上游区

图 5.4 GRIDXAJ 模型模拟赣江上游区历史时期出口断面日流量过程及与实测流量对比

5.3 基于卫星降水产品及降水融合数据的流域日径流模拟

5.3.1 黄河源区日径流模拟

在本节中，利用 GRIDXAJ 模型分别模拟了黄河源区唐乃亥水文站 2008 年 1 月 1 日至 2013 年 12 月 31 日的日径流过程，共有 8 套降水输入，分别为 4 套卫星降水产品（TMPA 3B42V7、TMPA 3B42RT、CMORPH_CRT、IMERG_Final）以及 4 套卫星-站点融合数据（TMPA 3B42V7_M、TMPA 3B42RT_M、CMORPH_CRT_M、IMERG_Final_M），同时使用 PCR 插值方法的地面站点降水结果作为输入模拟径流过程，与卫星降水产品和降水融合结果模拟的径流过程进行对比。模型参数统一使用基于 PCR 方法插值降水的历史水文过程模拟参数率定结果。图 5.5 和图 5.6 给出了 9 种降水数据驱动的 GRIDXAJ 模型模拟唐乃亥站日径流过程线与月径流过程线，表 5.3 为唐乃亥站率定期和验证期的精度评估结果。综合图 5.5、图 5.6 和表 5.3 的结果可见，对于 4 种卫星降水产品驱动得到的径流结果精度与降水的精度有一致的趋势。具体而言，由于实时降水产品 TMPA 3B42RT 严重地高估了黄河源区的日降水时空分布，因此其驱动的 GRIDXAJ 模型模拟唐乃亥站日、月径流过程也与实测径流相去甚远，对于极端降水的高估使得 NSE 为－13.666，LogNSE 为－1.15，BIAS 高达 197.2%，相关系数(CC)为 0.64，这表明降水的偏差会直接传递至径流模拟[139]。TMPA 3B42V7、CMORPH_CRT 模拟效果较好，NSE 和 LogNSE 的值基本在 0.7 以上，BIAS 小于 20%且与实测径流序列的相关系数分别为 0.87 和 0.89。IMERG_Final 驱动的模型模拟径流过程与实际观测径流过程最接近，NSE 和 LogNSE 均大于 0.8，分别为 0.831 和 0.814，并且 BIAS 是 4 种卫星降水产品中绝对值唯一低于 5%的，其 CC 也达到 0.91。对比各种卫星降水产品在黄河源区站点处的降水精度及准确度评估结果，可以得出，在水文模型参数等因素统一的条件下，模拟径流和实测径流误差的特征与由驱动的降水的误差特征一致。对于 4 种融合降水的径流模拟结果，总体上均好于对应的卫星降水产品模拟结果，与实测径流过程的一致性更佳。TMPA 3B42RT_M 模拟的径流高估趋势有一定的减小，BIAS 降至 175.9%，NSE 从－13.366 减小到－8.151，但是 LogNSE 略低于 TMPA 3B42RT 的结果，模拟径流与实测径流的相关性 CC 从0.64 增至 0.73。经过融合处理后，TMPA 3B42V7_M、CMORPH_CRT_M 和 IMERG_Final_M 的径流精度较高，NSE、LogNSE 均大于 0.8，相对于实测径流量的 BIAS 绝对值小于 6%，其中 CMORPH_CRT_M 和 IMERG_Final_M 对应的 BIAS 分别为−2.5% 和−1.6%，CC 分别为 0.92 和 0.93。此外，与站点模拟径流结果相比，IMERG_Final 驱动的日径流模拟比基于站点插值的降水输入驱动的模拟略差，而其余 3 种卫星降水产品驱动的径流结果精度不如地面站点的模拟结果。融合 4 种卫星产品后，基于 CMORPH_CRT_M 和 IMERG_Final_M 模拟的流量过程线精度比站点降水驱动的流量过程线精度高，更加接近实际流量过程；TMPA 3B42V7_M 模拟的结果统计指标也与站点模拟统计指标接近。这说明融合方法有效地提高了卫星降水产品的精度，基于融合 CMORPH_CRT 数据和 IMERG_Final 数据的降水输入比单独采用站点插值降水输入的数据能够更加准确地反映径流随时间的变化情况。

图 5.5 可以直观地比较各卫星降水产品与各融合降水驱动 GRIDXAJ 模型模拟唐乃亥水文站 2008—2013 年日径流过程与实测径流过程线的差异。TMPA 3B42V7 模拟的径流过程线在个别洪峰处模拟结果高于实测流量，同时 2011 年后模拟的基流都高于实测基流，融合后的流量过程线能较准确地描述基流变化情况，并且洪峰高估处有较明显的改善。对于实时产品 TMPA 3B42RT 和融合后的 TMPA 3B42RT_M 模拟的日流量过程，虽然两个流量过程线均大大高估了日径流过程，但是融合结果显著地降低了 2010/7/7 和 2013/6/20 两个极端径流量。从 CMORPH_CRT 驱动模型的流量模拟结果来看，基流模拟较好，并且实测流量过程变化的趋势反映得比较准确，相关性较好，然而整体模拟结果低于实测流量，对于洪峰过程的刻画不准确。与地面站点融合之后，有效地改善了原始数据的缺陷，因此生成的流量过程线能够较好地反映实际流量情况。对于 IMERG_Final 和 IMERG_Final_M 数据的流量过程而言，原始数据模拟的流量结果整体上可以较为准确地刻画实际流量过程，但与 TMPA 3B42V7 的模拟结果一样，IMERG_Final 的基流模拟结果略高于实际基流过程。而融合降水模拟的径流过程改善了这一问题，更加精准地描述了实际径流量的时间分布特征，其结果在所有降水驱动模型的结果中位列第一。基于地面站点降水输入模拟的日径流过程与实际径流过程相关性较为一致，相关性好于 4 种卫星降水产品模拟的径流过程线。但其对个别年份模拟的基流低于实际基流过程，而卫星降水产品模拟的个别基流过程则略高于实际基流，融合后，CMORPH_CRT_M 和 IMERG_Final_M 模拟的流量过程线均好于站点和原始卫星产品模拟的流量过程。因此，通过各降水数据的水文效用可以看出，融合方法能够捕捉卫星降水产品与地面站点观测数据的特点，更加准确地描述降水空间的分布特征。

将模拟的日径流时间序列聚合可得到月尺度，并对 4 种卫星降水产品和 4 种融合降水估算的月径流结果进行评估。从表 5.3 可以看出，月径流模拟结果在 NSE、LogNSE 和 CC 方面的结果高于日径流结果，尽管两个时间尺度的 BIAS 大小相同。

月尺度径流结果统计中，IMERG_Final 是 4 种卫星降水产品驱动模拟流量与实际观测流量最接近的，其 NSE 和 LogNSE 分别为 0.868、0.841，说明对洪峰流量和基流的模拟效果均较为准确，与实测径流过程的相关系数(CC)为 0.93。CMORPH_CRT 和 TMPA 3B42V7 模拟的月径流序列均是 LogNSE 大于 NSE 的，表明这两种卫星降水产品模拟基流效果好于模拟洪峰流量的效果。经过时间聚合，TMPA 3B42RT 模拟的月径流 NSE 从日尺度的－13.366 降至－11.674，但是 LogNSE 误差略有增加，为－1.29。模拟月径流过程与实测月径流过程的相关系数(CC)较日尺度的结果有较大的增幅，从 0.64 升至 0.75。4 种融合降水月尺度的径流精度统计中，TMPA 3B42V7_M、CMORPH_CRT_M 以及 IMERG_Final_M 模拟的月径流过程 NSE 与 LogNSE 均在 0.8 以上，相关系数也超过 0.9。TMPA 3B42RT_M 的 NSE 和 LogNSE 也有所提升，CC 由 0.73 升至 0.81。月尺度站点降水驱动的径流结果 NSE 和 LogNSE 分别为0.881和0.863，CC 为 0.95，精度略高于 TMPA 3B42V7_M 的月尺度径流精度。而 CMORPH_CRT_M 和 IMERG_Final_M 两种月降水融合结果对应的精度则好于站点的模拟值。

表 5.3 黄河源区日尺度和月尺度实测径流与模拟径流精度评估

时间序列	降水输入	NSE	LogNSE	BIAS (%)	CC
日流量序列	站点	0.838	0.822	－4.5	0.93
	TMPA 3B42V7	0.699	0.704	16.8	0.87
	TMPA 3B42RT	－13.366	－1.15	197.2	0.64
	CMORPH_CRT	0.72	0.752	－20.5	0.89
	IMERG_Final	0.831	0.814	－3.8	0.91
	TMPA 3B42V7_M	0.82	0.809	5.7	0.9
	TMPA 3B42RT_M	－8.151	－1.165	175.9	0.73
	CMORPH_CRT_M	0.845	0.83	－2.5	0.92
	IMERG_Final_M	0.927	0.864	－1.6	0.93
月流量序列	站点	0.881	0.863	－4.5	0.95
	TMPA 3B42V7	0.74	0.757	16.8	0.87
	TMPA 3B42RT	－11.674	－1.29	197.2	0.75
	CMORPH_CRT	0.749	0.79	－20.5	0.92
	IMERG_Final	0.868	0.841	－3.8	0.93
	TMPA 3B42V7_M	0.859	0.842	5.7	0.92
	TMPA 3B42RT_M	－7.764	－1.214	175.9	0.81
	CMORPH_CRT_M	0.884	0.868	－2.5	0.94
	IMERG_Final_M	0.946	0.89	－1.6	0.96

各卫星降水产品与各融合降水驱动 GRIDXAJ 模型模拟唐乃亥水文站 2008—2013 年月径流过程与实测径流过程线的差异由图 5.6 所示。4 种卫星降水产品对应日径流过程线与实测径流过程间存在的差异问题也同样存在于月径流过程。TMPA 3B42V7_M、CMORPH_CRT_M 和 IMERG_Final_M 3 种融合滞时卫星产品的降水结果模拟的月径流过程与实测月径流过程在整个模拟期间都吻合得很好，并且 CMORPH_CRT_M和 IMERG_Final_M 的月径流过程线比站点模拟的月径流过程线更加接近实际径流随时间变化的趋势。综上所述，不同降水相对于地面站点观测的误差会水文传递至径流，并且可能会有放大误差的现象。通过水文模拟比较各降水输入模拟的径流量可以比较不同降水数据的水文效用，同时也基于径流模拟客观验证降水数据的优劣[140]。总体而言，基于主成分回归的加法模型融合卫星降水驱动 GRIDXAJ 模型模拟的日、月径流过程精度要优于原始卫星降水的模拟结果。原始卫星降水产品中，CMORPH_CRT、IMERG_Final 降水数据的水文效用较好。经过融合处理后，TMPA 3B42V7_M、CMORPH_CRT_M、IMERG_Final_M 均有很好的水文效用。CMORPH_CRT_M、IMERG_Final_M 模拟的流量精度高于单一基于站点模拟的径流精度，说明融合 CMORPH_CRT 和 IMERG_Final 两种卫星降水产品得到的结果比原始卫星产品以及地面站点插值的降水空间分布都更加准确。

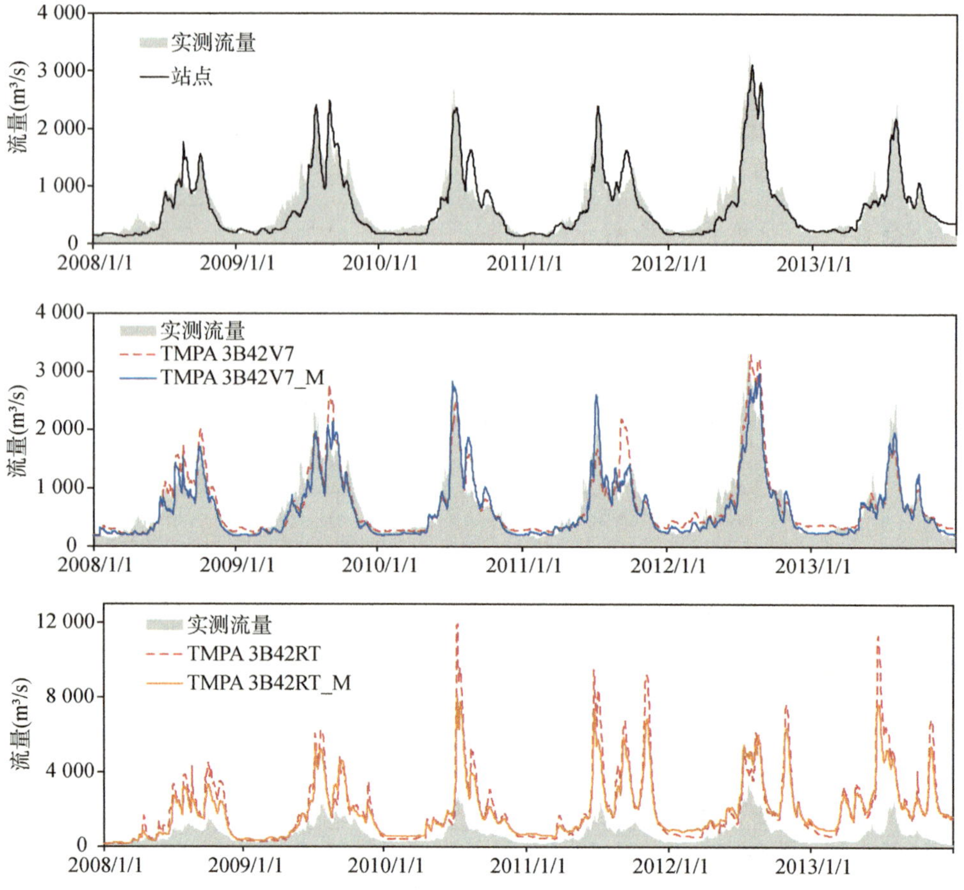

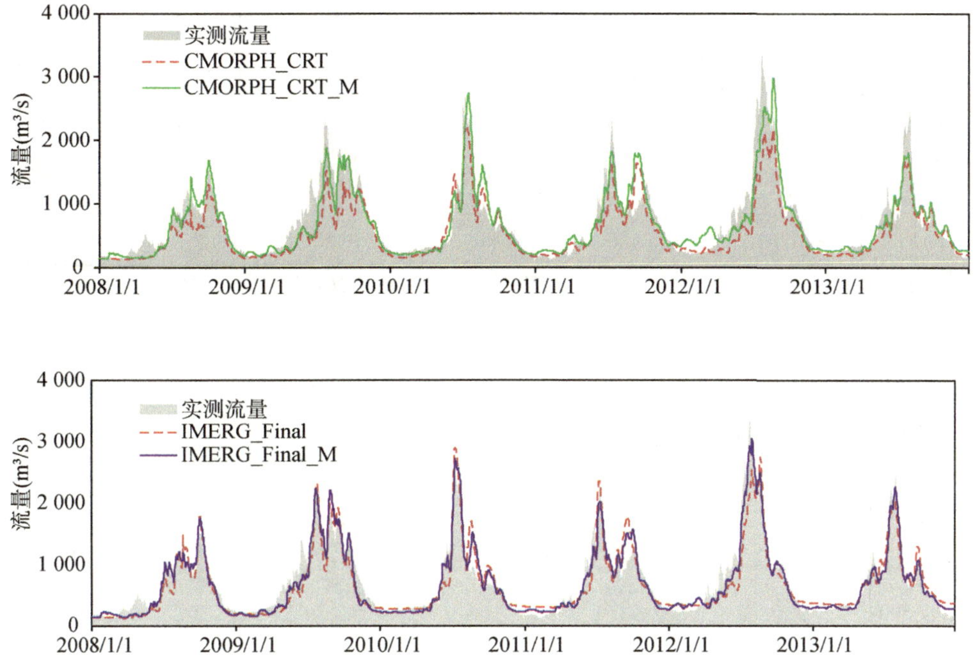

图 5.5　黄河源区唐乃亥站日径流过程模拟

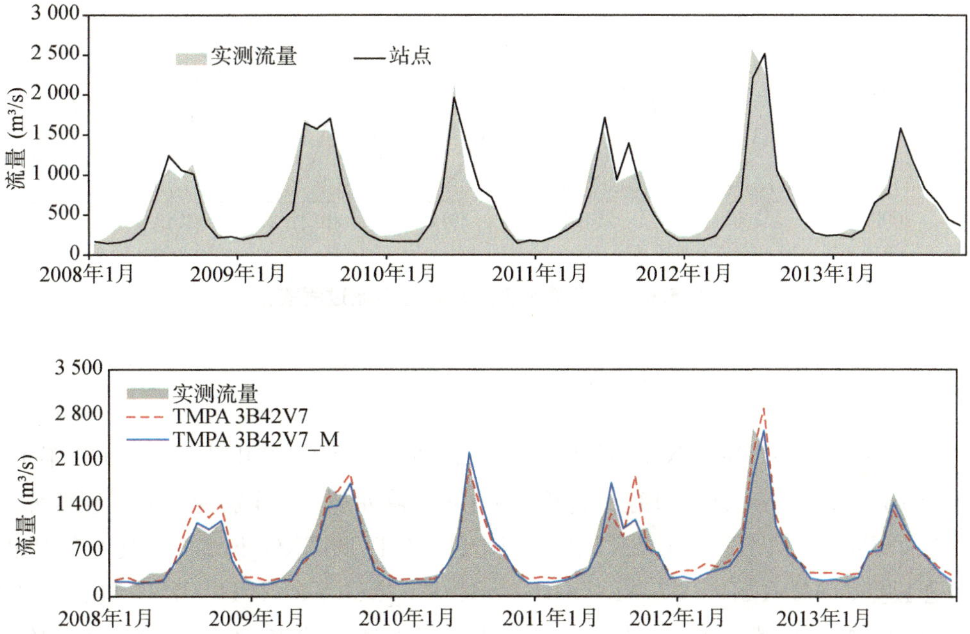

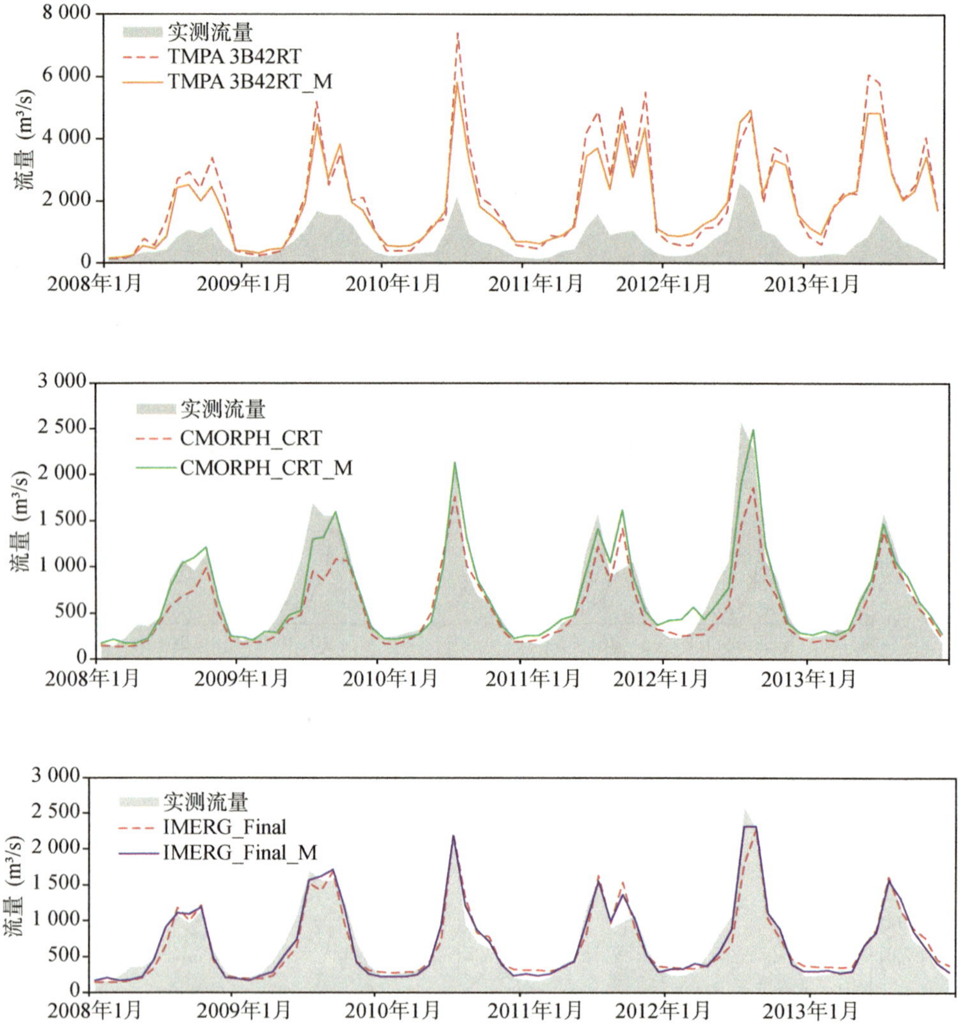

图 5.6　黄河源区唐乃亥站月径流过程模拟

5.3.2　赣江上游区日径流模拟

在本节中，利用 GRIDXAJ 模型分别模拟了赣江上游区峡山水文站 2008 年 1 月 1 日至 2013 年 12 月 31 日的日径流过程，共有 8 套降水输入，分别为 4 套卫星降水产品（TMPA 3B42V7、TMPA 3B42RT、CMORPH_CRT、IMERG_Final）以及 4 套卫星-站点融合数据（TMPA 3B42V7_M、TMPA 3B42RT_M、CMORPH_CRT_M 以及 IMERG_Final_M）。与黄河源区一样，本节也使用基于地面站点 PCR 插值方法的降水结果作为输入模拟径流过程，与卫星降水产品和降水融合结果模拟的径流过程进行对比。模型参数采用基于赣江上游区雨量站点的 PCR 降水插值数据模拟历史水文过程的参数率定结果。表 5.4 为峡山站率定期和验证期的精度评估结果，图 5.7 和图 5.8

是各降水数据驱动GRIDXAJ模型模拟峡山站日径流和月径流过程。从表5.4可以看出，4种卫星降水产品对赣江上游区峡山站日、月径流过程的模拟效果优于黄河源区唐乃亥站的径流过程。所有产品的NSE、LogNSE大于0.5，BIAS范围在−7.9%～16.1%之间，相关系数(CC)均大于0.75。4种径流结果统计中，实时卫星降水产品TMPA 3B42RT模拟的日径流模拟效果最差，NSE和LogNSE为0.535和0.595，BIAS是所有径流模拟结果中误差最大的，为16.1%，相关系数为0.77。CMORPH_CRT模拟峡山站径流过程的结果表明其更好地描述了基流的变化情况，LogNSE为0.778，相对而言对于洪峰流量的模拟效果不如基流的模拟效果，NSE为0.69，整体的径流量低于实测径流量，BIAS为−7.9%，相关系数(CC)为0.8。TMPA 3B42V7和IMERG_Final的模拟效果在4个卫星降水产品中效果较好，TMPA 3B42V7的NSE和LogNSE为0.743和0.827，BIAS为7.3%，CC为0.84；IMERG_Final降水输入模拟径流量的NSE和LogNSE为0.844和0.865，BIAS为3.4%，CC为0.89，呈现出良好的水文效用。从4种卫星降水驱动结果的径流精度统计可以看到，对赣江上游区峡山水文站的日径流过程模拟中，所有结果对于基流的确定性系数高于洪峰流量的确定性系数，这说明几种降水产品模拟的流量过程线与实测流量过程能更好的吻合，而对于洪峰流量随时间的变化情况模拟效果略低一些。对于4种融合降水的径流模拟结果，总体上提升了模拟径流结果相对于实测径流过程的精度，一致性更好。具体而言，经融合处理后的TMPA 3B42RT_M降水模拟的日径流过程较原产品有很大的提升，NSE和LogNSE为0.725和0.672，BIAS也显著减小至6.8%，相关系数(CC)升至0.81。融合3种滞时卫星降水产品后的数据TMPA 3B42V7_M、CMORPH_CRT_M和IMERG_Final_M的径流精度较高，NSE和LogNSE的值均高于0.8，相对于实测径流量的BIAS绝对值小于4%，相关系数(CC)也大于0.86。CMORPH_CRT_M的提升幅度较为明显，NSE从0.69升至0.832，LogNSE也由0.778变为0.849。此外，融合后的4种径流过程的NSE与LogNSE的差距降低了很多，其中TMPA 3B42RT_M的NSE比LogNSE高，另外3种融合径流结果的NSE和LogNSE差距小于0.05。基于PCR方法插值的地面站点降水模拟的径流过程基本上均好于4种卫星降水产品的模拟结果，其NSE为0.886，LogNSE为0.851，略低于IMERG_Final对应的LogNSE，BIAS为−1.8%，相关系数(CC)为0.9。这从侧面反映出在赣江上游区地面站点插值的降水空间分布好于卫星降水产品的空间分布。经过融合处理后，IMERG_Final_M驱动的水文模型径流精度超过了站点模拟结果，更加准确地反映了径流随时间的变化特征，TMPA 3B42V7_M模拟的径流精度也与站点模拟精度接近。

表 5.4 赣江上游区日尺度和月尺度实测径流与模拟径流精度评估

时间序列	降水输入	NSE	LogNSE	BIAS（%）	CC
日流量序列	站点	0.886	0.851	−1.8	0.9
	TMPA 3B42V7	0.743	0.827	7.3	0.84
	TMPA 3B42RT	0.535	0.595	16.1	0.77
	CMORPH_CRT	0.69	0.778	−7.9	0.8
	IMERG_Final	0.844	0.865	3.4	0.89
	TMPA 3B42V7_M	0.876	0.885	3.3	0.89
	TMPA 3B42RT_M	0.725	0.672	6.8	0.81
	CMORPH_CRT_M	0.832	0.849	0.7	0.86
	IMERG_Final_M	0.894	0.904	−1.3	0.92
月流量序列	站点	0.951	0.939	−1.8	0.97
	TMPA 3B42V7	0.877	0.89	7.3	0.96
	TMPA 3B42RT	0.699	0.623	16.1	0.86
	CMORPH_CRT	0.852	0.858	−7.9	0.93
	IMERG_Final	0.902	0.899	3.4	0.97
	TMPA 3B42V7_M	0.93	0.924	3.3	0.97
	TMPA 3B42RT_M	0.751	0.66	6.8	0.93
	CMORPH_CRT_M	0.877	0.887	0.7	0.95
	IMERG_Final_M	0.955	0.942	−1.3	0.98

从图 5.7 中可以更加直观地观察卫星降水产品和融合降水驱动 GRIDXAJ 模型模拟峡山水文站 2008—2013 年日径流过程与实测径流过程线的差异。从图中可以看到，各原始卫星降水模拟的日径流过程线都高估了实测径流的峰值，这也是各径流结果 NSE 较低的原因。TMPA 3B42V7 和融合降水 TMPA 3B42V7_M 模拟的径流过程线均能够较准确地描述峡山站 2008—2013 年基流的变化情况，但是 TMPA 3B42V7 对洪峰的模拟往往偏高，而融合后的流量过程线有效地降低了高估峰值流量的现象。TMPA 3B42RT 同样也高估了洪峰流量，同时对 2009 年、2011 年和 2013 年的基流模拟也表现出略微高估的趋势。融合结果模拟的径流量改善了高流量模拟较大的现象，融合后径流对实测高流量的模拟效果略高于对基流的模拟效果。虽然 CMORPH_CRT 模拟的峡山站日径流量低于实测日径流量，但从二者的流量过程线中可以看出 CMORPH_CRT 对于 2008—2013 年间各年的极端流量模拟仍然有高估趋势，说明对应的降水量估计高于站点观测降水量。通过与地面站点融合处理后，CMORPH_CRT_M 模拟的径流过程与实测径流过程匹配度较高，二者间的误差小于 1%，能够较好地反映实际径流过程的变化情况。相较于以上 3 种卫星降水产品，IME-

RG_Final 的降水数据消除了高径流量对应降水数据估计偏大的问题，其模拟的日径流过程能够很好地反映实测日径流量的高流量过程和基流过程，因而其 NSE、LogNSE 和 CC 是 4 个卫星降水产品模拟径流过程中最好的。融合站点观测后的降水模拟径流量进一步提高了 IMERG_Final_M 流量过程线的精度，更加精准地反映了峡山站实际径流过程的时间分布特征。通过不同卫星降水数据驱动 GRIDXAJ 模型的模拟径流过程线与实测径流过程线可以得出：虽然整体降水量与站点观测降水量的 BIAS 有正有负，但是赣江上游区各卫星降水数据对于每年极端流量对应的降水数据的估计均有较明显的高估趋势。基于地面站点降水输入模拟的日径流过程与实际径流过程较为一致，能够准确地反映实际径流分布特征。但在个别年份模拟的洪峰流量低于实际洪峰流量。通过赣江上游区和黄河源区的日径流过程可以看出，融合质量较好的卫星降水产品，其驱动的水文模型模拟结果优于地面站点的模拟结果，因而基于主成分回归的加法融合模型能够捕捉卫星产品与地面站点数据的有效信息，从而生成更加准确的降水空间分布，为水文模拟等提供可靠的数据来源。

图 5.8 为日径流的时间序列聚合得到的各卫星降水产品和融合降水模拟的月径流过程线。从表 5.4 的月流量序列统计可以看到，各日径流过程聚合后的月尺度径流结果精度有了较高的提升。4 种卫星降水对应的径流序列统计中，TMPA 3B42V7、CMORPH_CRT 和 IMERG_Final 的 CC 均大于 0.9，NSE 和 LogNSE 均大于 0.85，其中 IMERG_Final 的 NSE 为 0.902，说明当聚合到月尺度时，对实测高流量高估的现象有所减轻。TMPA 3B42RT 的月尺度径流过程与实测径流过程的相关系数(CC)为 0.86。确定性系数方面，TMPA 3B42RT 月尺度的 NSE 和 LogNSE 为 0.699 和 0.623，对月尺度实测径流的模拟效果仍然较低。融合降水模拟径流量日尺度聚合至月尺度方面，TMPA 3B42V7_M 和 IMERG_Final_M 的 NSE 和 LogNSE 均大于0.9，对高流量和基流的模拟准确度很高；同时 CC 分别为 0.97 和 0.98，与实测径流高度一致。CMORPH_CRT_M 模拟的月径流精度结果也较高，NSE 和 LogNSE 分别为 0.877和 0.887，CC 为 0.95。TMPA 3B42RT_M 的月尺度径流与实际径流相关性也高于 0.9，对基流随时间变化情况模拟精度较低，LogNSE 为 0.66。从各卫星降水产品与各融合降水驱动 GRIDXAJ 模型模拟峡山水文站 2008—2013 年月径流过程与实测径流过程线的差异图(图 5.8)中可以看到，IMERG_Final 和 IMERG_Final_M 模拟的月径流过程与实测月径流过程在整个模拟期间都能够准确地刻画径流随时间变化的情况。TMPA 3B42V7 和其融合结果模拟的径流过程线精度次之，CMORPH_CRT 对 2010 年和 2013 年基流过程有所高估。而实时卫星降水产品 TMPA 3B42RT 与其融合结果 TMPA 3B42RT_M 这两种降水源对应的月径流过程线有多处与实际流量过程有偏差，因此降水在赣江上游区的水文效用较差。总体而言，4 种卫星降水数据中除了 IMERG_Final 外，各自模拟的日径流结果对高流量均有所高估，IMERG_Final 的水文效用最好。基于主成分回归的加法模型融合卫星降水数据后，其结果作为 GRIDXAJ 模型的输入模拟日、月径流过程的精度较原始卫星降水的模拟结果有所上

升，其中 TMPA 3B42V7_M、CMORPH_CRT_M 和 IMERG_Final_M 的水文效用更好。月尺度站点降水驱动的径流结果 NSE 和 LogNSE 分别为 0.951 和 0.939，CC 为 0.97，精度略高于 TMPA 3B42V7_M 的月尺度径流精度。而 IMERG_Final_M 两种月降水融合结果对应的精度则好于站点的模拟值。

根据两个流域径流精度的评估（表 5.3、表 5.4），结合流量过程线（图 5.5～图 5.8）可以得出，4 种融合方法的径流模拟结果比原始卫星降水模拟的结果更好地再现了径流随随时间的变化趋势，以及峰值流量和基流量。这表明融合后的数据集可以提供黄河源区和赣江上游区较为准确的日、月尺度流量估计。因此，融合后的降水数据集可以作为两个流域水文和其他气候应用的参考降水数据集。

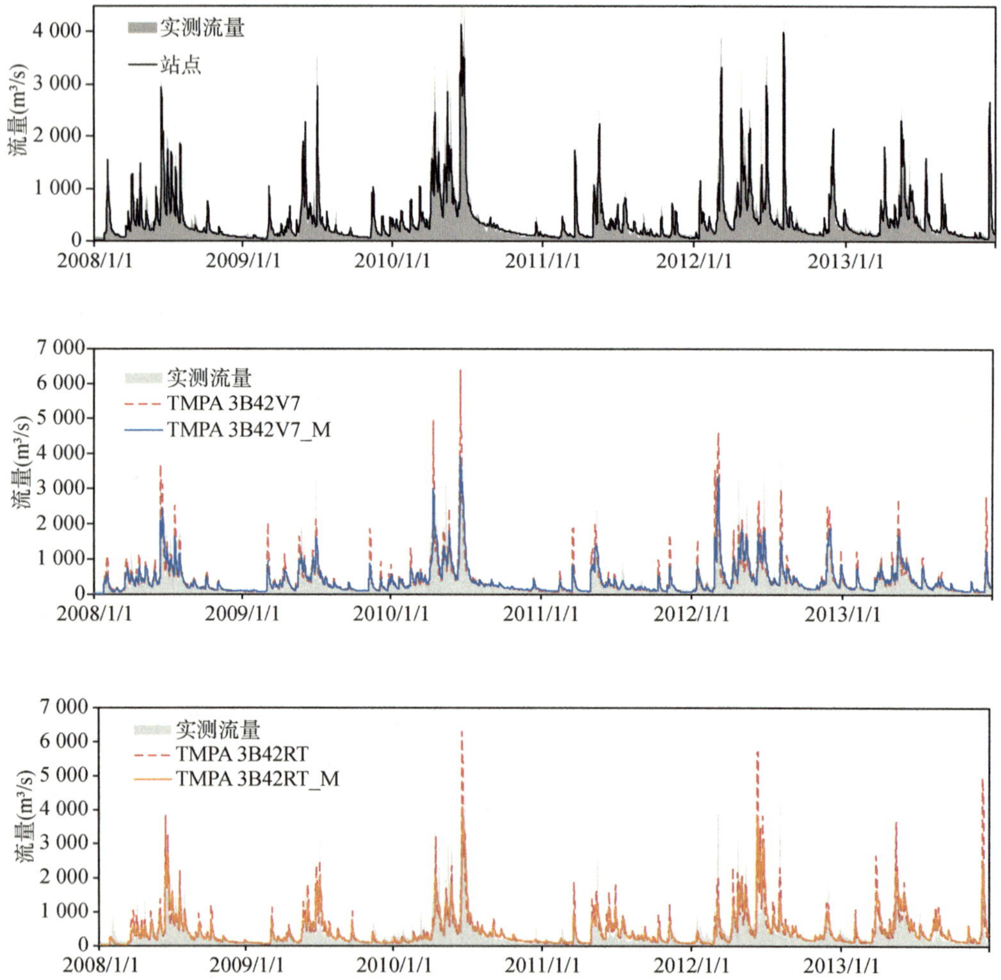

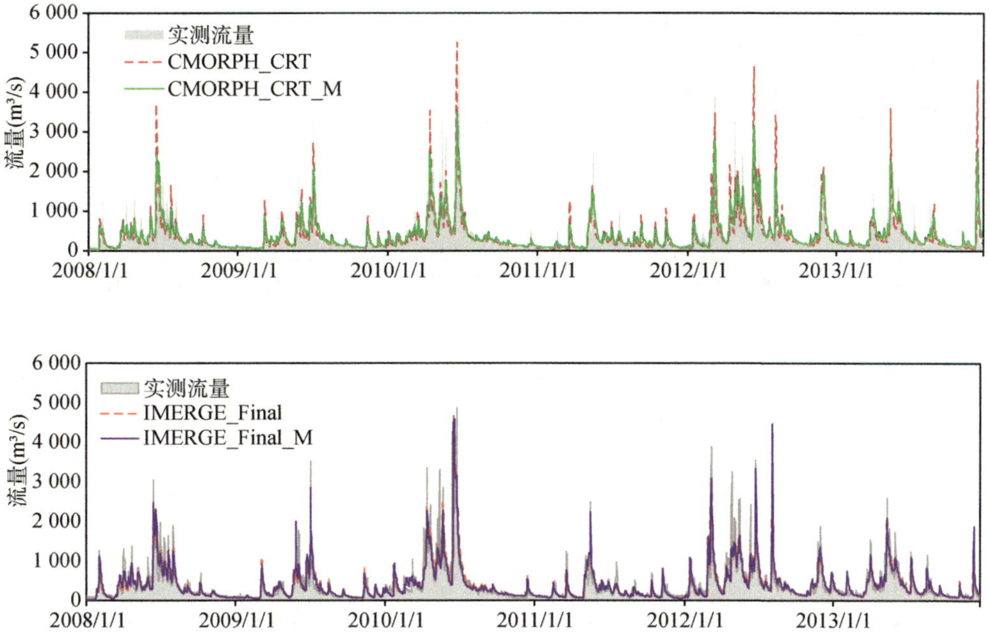

图 5.7　赣江上游区峡山站日径流过程模拟

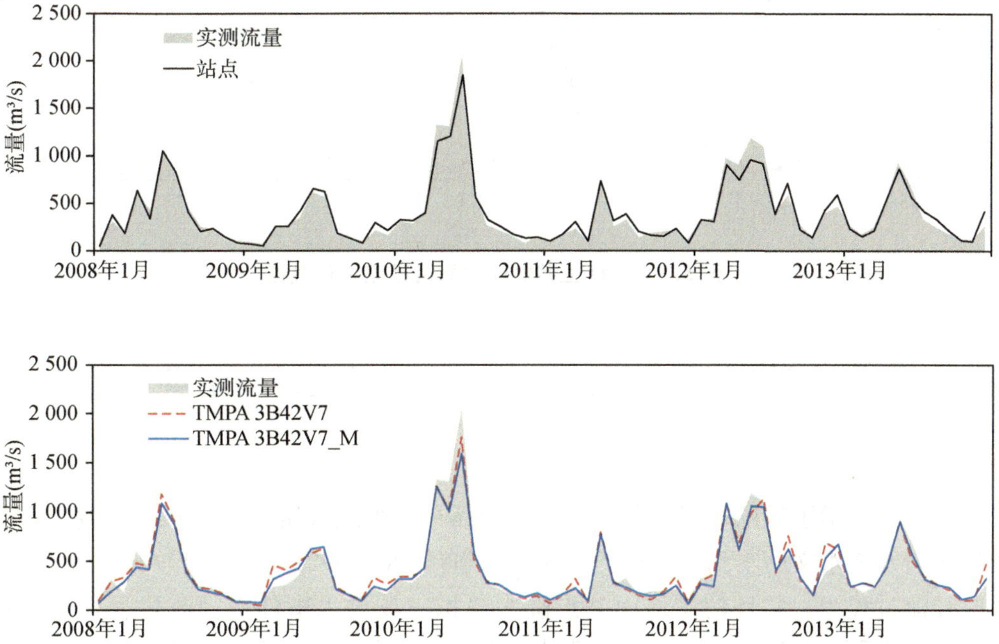

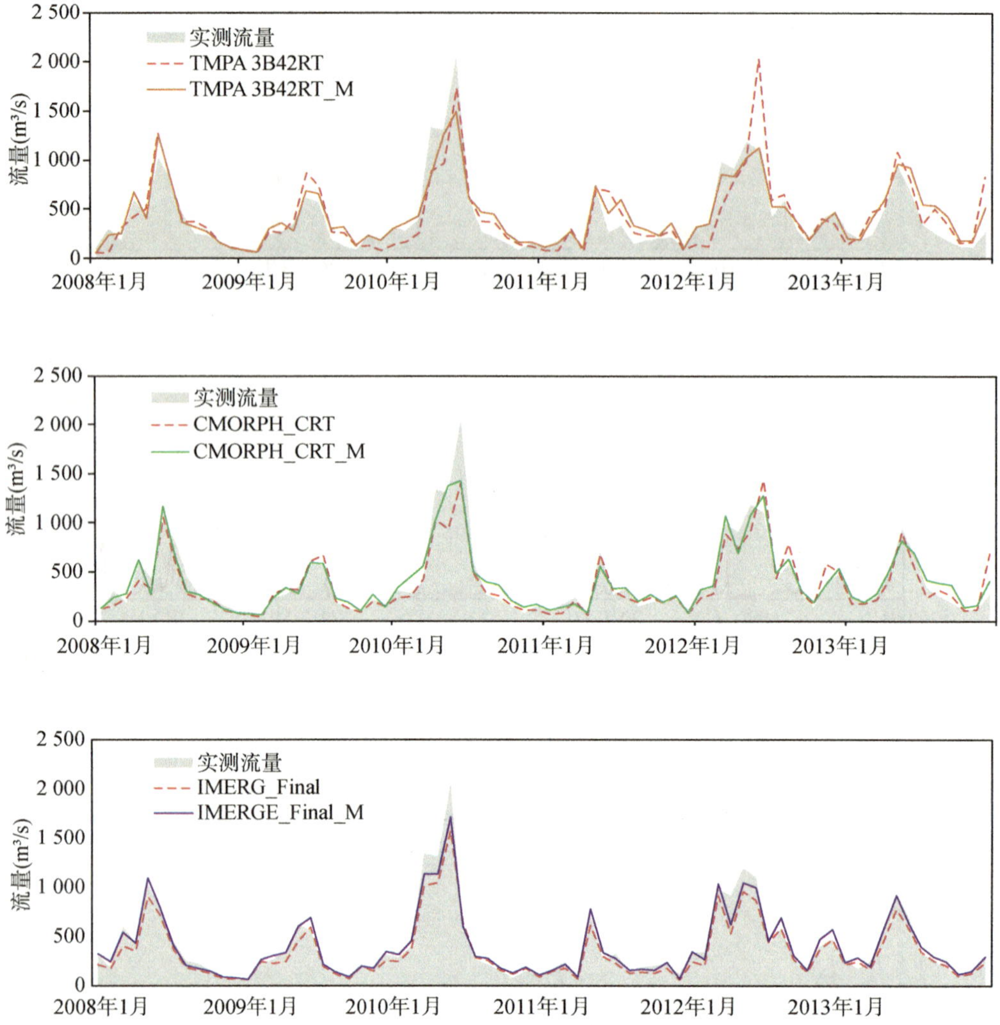

图 5.8 赣江上游区峡山站月径流过程模拟

5.4 基于卫星降水产品及降水融合数据的流域典型洪水过程模拟

5.4.1 黄河源区洪水事件径流模拟

图 5.9 展示了使用基于 4 种卫星降水产品与 4 种融合结果的降水数据输入，在黄河源区唐乃亥水文站实测与模拟的三场洪水事件(20150921/20161014/20180706)的 3 小时径流过程线。并且使用地面站点降水模拟三场洪水事件的径流过程作为对比。表 5.5 列出了选取洪水事件对应的降水特性，水文性能通过 NSE、BIAS、洪峰流量及峰现时间进行量化，如表 5.6 所示。

表 5.5　黄河源区三场洪水事件降水特性

洪水事件	起止日期	历时 (d)	降水总量 (mm/事件)	最大降水量 (mm/3 h)
20150921	2015/9/21—10/4	24	15.4	14.7
20161014	2016/10/14—10/27	14	10.9	4.7
20180706	2018/7/6—7/22	18	48.5	31.1

综合图 5.9 和表 5.6 的结果可以看出，基于主成分回归的降水融合方法模拟的 3 小时径流过程精度高于原始卫星降水数据的模拟结果。具体而言，对 20150921 号洪水事件，4 种卫星降水驱动的径流结果与实测径流的 BIAS 误差较小，分别为－3.4%、－2.3%、－5.1%和 1.3%，对洪峰流量的相对误差也在 4%之内，但峰现时间均与实际洪峰时间有所差异，TMPA 3B42V7、TMPA 3B42RT 和 IMERG_Final 提前了 12 小时、12 小时和 3 小时，而 CMORPH_CRT 滞后了 6 小时。NSE 方面，IMERG_Final 的结果较好，TMPA 3B42V7 次之，分别为 0.863 和 0.797。而 TMPA 3B42RT 和 CMORPH_CRT 的 NSE 较低，分别为 0.569 和 0.678。4 种融合降水的径流模拟结果较对应的卫星降水产品模拟结果有显著的提升，与实测径流过程一致性更佳。NSE 方面，TMPA 3B42V7_M 和 IMERG_Final_M 为 0.984 和 0.99，能够十分准确地描述径流随时间的变化情况，TMPA 3B42RT_M 和 CMORPH_CRT_M 的值也从 0.569、0.678提升至 0.827 和 0.896，增幅显著。4 种融合降水径流相对实测径流的 BIAS 均在 5%以内，TMPA 3B42RT_M 较 TMPA 3B42RT 的 BIAS 略有增加，其余 3 种融合降水模拟径流的 BIAS 比各自原始产品的模拟结果表现更优。洪峰流量统计方面，TMPA 3B42V7_M 和 TMPA 3B42RT_M 模拟的洪峰流量与实测洪峰流量的相对误差缩小至 0.5%和 3.2%，峰现时差也从－12 小时变为 6 小时和 9 小时，与观测的绝对误差降低。由于 4 种融合产品驱动的 GRIDXAJ 模型模拟洪水事件的过程均向后推移，因此 CMORPH_CRT_M 和 IMERG_Final_M 两种融合产品模拟的峰现时间为 15 小时和 9 小时，低于原始降水的模拟结果。图 5.9(a)可以直观地比较各卫星降水产品与各融合降水驱动 GRIDXAJ 模型模拟唐乃亥水文站 20150921 号洪水事件径流过程与实测径流过程的差异。从各卫星降水产品模拟的径流过程来看，TMPA 3B42V7、TMPA 3B42RT 以及 CMORPH_CRT 均低估了 9/21—26 日的径流过程，同时没有准确地模拟这段时间流量起涨消退的过程，因此三者对应的 BIAS 都为负。径流消退阶段的模拟中，CMORPH_CRT 和 TMPA 3B42V7 的模拟结果与实际径流过程基本一致，IMERG_Final 的模拟结果略高，而 TMPA 3B42RT 的模拟结果则略低于实际径流消退过程。4 种融合模拟结果的径流过程线整体上较为准确地刻画了实际洪水事件的整个过程，TMPA 3B42V7_M 和 IMERG_Final_M 模拟的流量过程线与实际流量过程线吻合程度非常高，除了峰现时间有所差异外，从洪水起涨到传递再至消退，其与实际洪水过程的同步性一致。经过融合处理后的 TMPA 3B42RT_M，对于 26 日前的径流

模拟有所提升，但仍存在低估实际径流量的现象，此外初始状态的流量略高。CMORPH_CRT_M 则是在消退期的流量过程低于实际径流消退过程。总体而言，对于 20150921 号洪水事件，融合降水的模拟结果整体上可以准确反映实际径流过程。卫星降水产品及降水融合结果的径流模拟与站点模拟的径流量比较，与日尺度的结果类似。4 种卫星降水产品模拟的径流统计结果低于站点的模拟结果，站点模拟的径流过程线与实际径流过程的变化趋势一致，NSE 为 0.943，整体的径流量误差以及洪峰流量误差都在 3%以内。而融合结果 TMPA 3B42V7_M 和 IMERG_Final_M 的径流模拟精度则高于站点的模拟精度，显示出对于 20150921 号洪水事件，融合降水有效地提升了径流模拟精度，并且 TMPA 3B42V7_M 和 IMERG_Final_M 的模拟效果优于地面站点的径流模拟结果。推荐径流模拟的降水输入方案为 IMERG_Final、站点插值降水、TMPA 3B42V7_M、CMORPH_CRT_M 以及 IMERG_Final_M。

表 5.6　黄河源区三场洪水事件实测径流与模拟径流精度评估

洪水事件	降水输入	NSE	BIAS (%)	洪峰流量			峰现时间绝对误差 (h)
				实测 (m^3/s)	模拟 (m^3/s)	BIAS (%)	
20150921	站点	0.943	−2.1	1 012.4	1 034.7	2.2	9
	TMPA 3B42V7	0.797	−3.4		1 023.9	1.1	−12
	TMPA 3B42RT	0.569	−2.3		1 050.3	3.7	−12
	CMORPH_CRT	0.678	−5.1		1 041.8	2.9	6
	IMERG_Final	0.863	1.3		1 020.5	0.8	−3
	TMPA 3B42V7_M	0.984	0.2	1 012.4	1 017.1	0.5	6
	TMPA 3B42RT_M	0.827	−4		1 044.9	3.2	9
	CMORPH_CRT_M	0.896	−1.7		1 028.9	1.6	15
	IMERG_Final_M	0.99	0.16		1 031.1	1.8	9
20161014	站点	0.781	−3.8	1 115.7	1 075.6	−3.5	9
	TMPA 3B42V7	0.703	−7.3		1 028.7	−7.8	18
	TMPA 3B42RT	0.479	12.3		1 278.0	14.6	9
	CMORPH_CRT	0.602	−6.1		977.9	−12.4	15
	IMERG_Final	0.68	3.5		1 196.5	7.2	12
	TMPA 3B42V7_M	0.868	−2.4	1 115.7	1 134.4	1.7	9
	TMPA 3B42RT_M	0.755	7.4		1 192.2	6.9	6
	CMORPH_CRT_M	0.718	−3.5		1 020.4	−8.5	15
	IMERG_Final_M	0.832	1.2		1 132.2	1.5	6

（续表）

洪水事件	降水输入	NSE	BIAS (%)	洪峰流量			峰现时间绝对误差 (h)
				实测 (m^3/s)	模拟 (m^3/s)	BIAS (%)	
	站点	0.908	−0.7		3 312.4	−2.9	−12
	TMPA 3B42V7	0.829	−5		3 139.5	−8.0	−46
	TMPA 3B42RT	0.728	−7.4	3 413.8	3 094.3	−9.4	−42
	CMORPH_CRT	0.894	1.8		3 463.8	1.5	−36
20180706	IMERG_Final	0.885	−3.2		3 295.9	−3.5	−33
	TMPA 3B42V7_M	0.856	−3		3 474.5	1.8	−24
	TMPA 3B42RT_M	0.804	−4.2	3 413.8	3 299.1	−3.4	−33
	CMORPH_CRT_M	0.914	−1.9		3 465.3	1.5	−30
	IMERG_Final_M	0.936	−1.1		3 437.0	0.7	−33

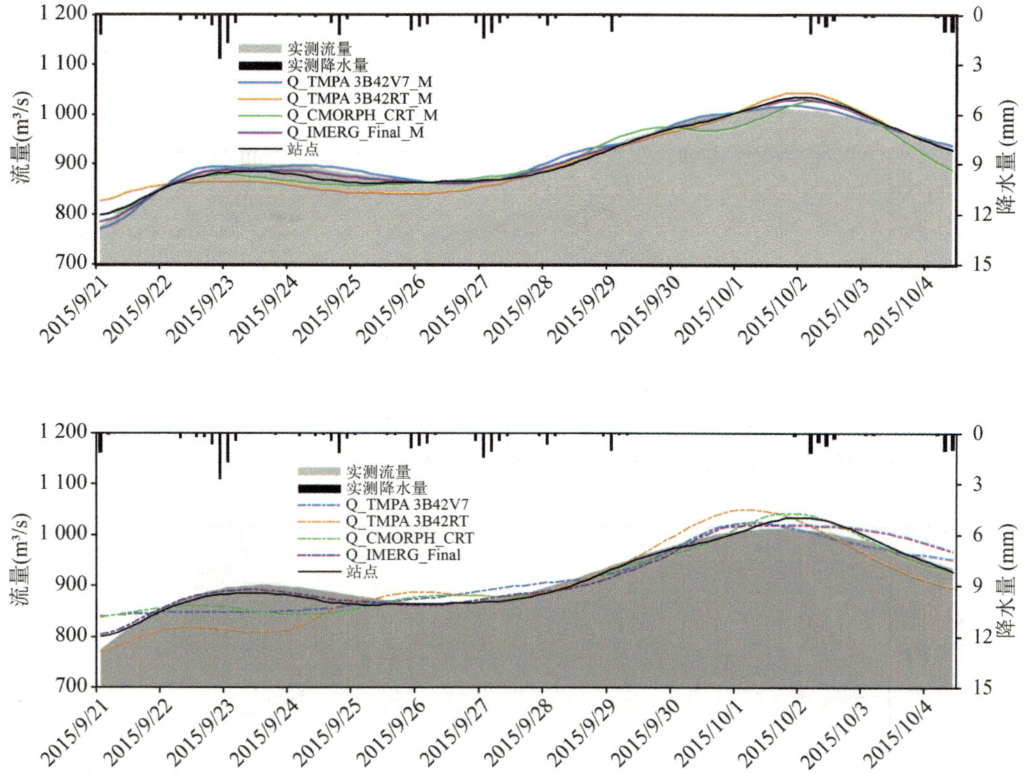

（a）洪水事件一：2015/9/21—2015/10/4

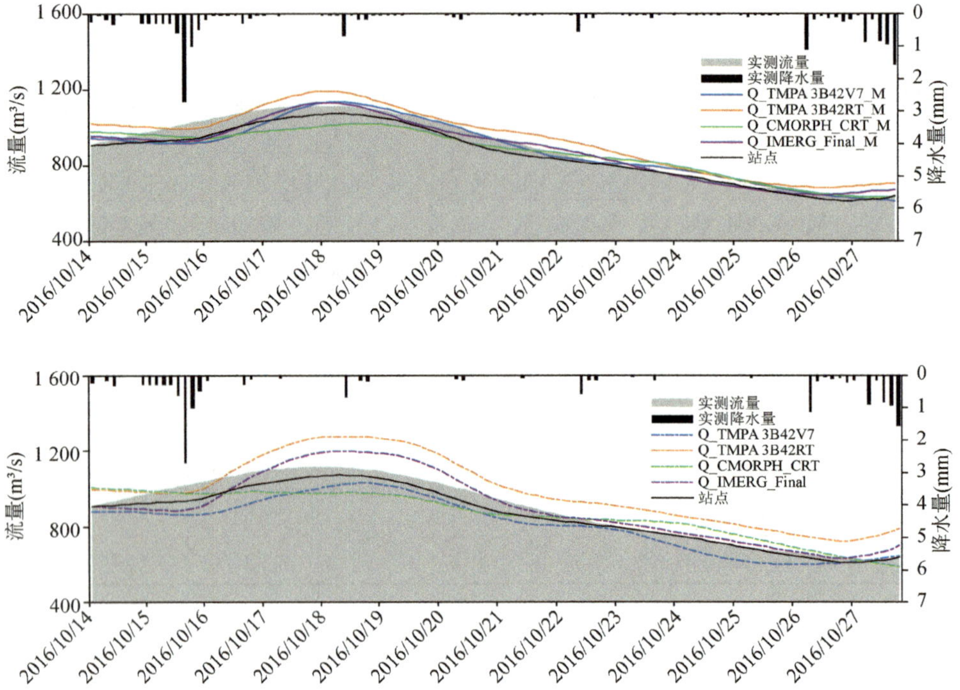

(b) 洪水事件二：2016/10/14—10/27

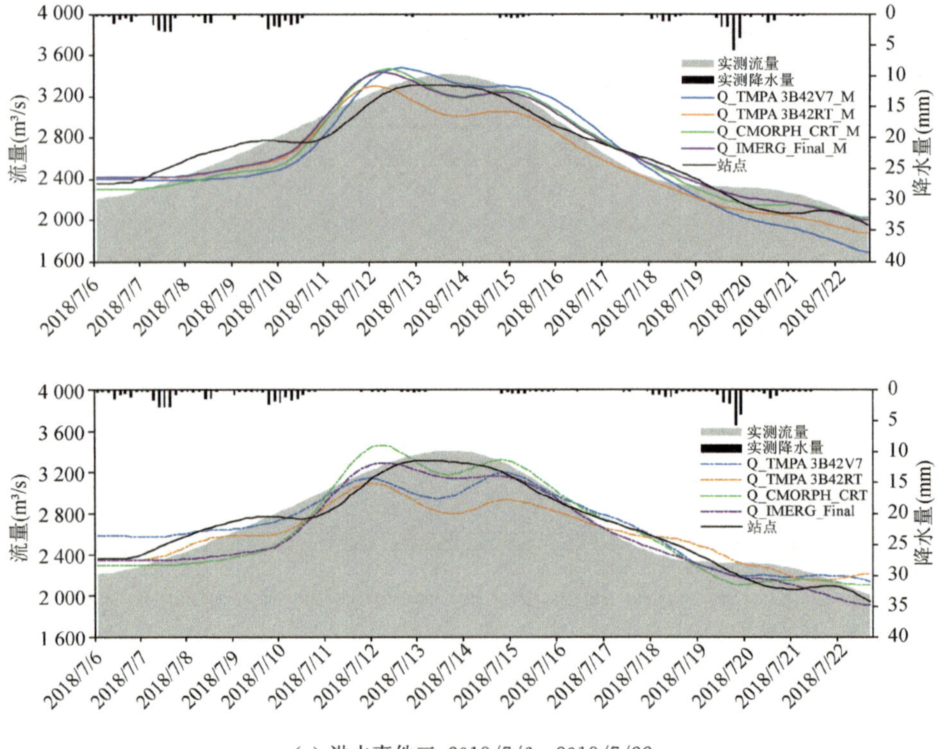

(c) 洪水事件三：2018/7/6—2018/7/22

图 5.9　黄河源区唐乃亥站三场洪水事件径流过程模拟

图 5.9(b)和表 5.6 反映了各降水源模拟 20161014 号洪水事件的结果。从径流模拟精度统计的数据可以看出，对 20161014 号洪水事件的模拟效果不如 20150921 号洪水事件。从 4 种卫星降水产品 3 小时降水产品模拟的径流 NSE 来看，TMPA 3B42V7 位列第一，NSE 为 0.703，IMERG_Final 和 CMORPH_CRT 的 NSE 低于 0.7，分别为 0.68 和0.602，而 TMPA 3B42RT 的 NSE 只有 0.479。TMPA 3B42V7 和 CMORPH_CRT 模拟流量较实际流量有所低估，分别为−7.3%和−6.1%。

TMPA 3B42RT 的模拟流量高估了实际径流过程，误差为 12.3%，IMERG_Final 模拟结果与实际流量的误差最小，结果为 3.5%。4 种卫星降水模拟洪峰流量与实际洪峰流量的误差正负与整体流量的误差符号一致，但是误差程度要更大：TMPA 3B42V7 和 CMORPH_CRT 对应的相对误差为−7.8%与−12.4%，低估了洪峰流量，而 TMPA 3B42RT 与 IMERG_Final 则高估了洪峰流量，相对误差分别为 14.6%和 7.2%。4 种模拟径流过程的峰现时间均较实际的时间滞后 9～18 小时。融合降水模拟的径流结果精度统计指标显示融合模拟结果从各方面均优于卫星降水模拟结果，因此可以看出，融合方法对于 20161014 号洪水事件的卫星降水产品作用效果较好。具体分析，TMPA 3B42V7_M 模拟结果的 NSE 从 0.703 升至 0.868，BIAS 提高了 5 个百分点，相对于实际洪峰流量的误差只有 1.7%，峰现时间的滞时缩短一半。TMPA 3B42RT_M 数据模拟的径流量 NSE 从 0.479 升至 0.755，增幅显著，BIAS 也下降了 5%，径流过程改善最为明显的是洪峰流量，从高估 14.6%降至 6.9%，峰现时间比实际的晚 6 小时。4 种融合降水模拟结果较原始降水模拟结果的提升幅度中，CMORPH_CRT_M 的增幅最小。融合后 NSE 为 0.718，BIAS 为−3.5%，洪峰流量从−12.4%降至−8.5%，对应的峰现时间没有变化，仍较实际洪峰时刻晚 15 个小时。IMERG_Final_M 模拟对应的径流 NSE 结果为 0.832，排名次席，整个事件过程与洪峰处的流量、与实际流量的 BIAS 为 1.2%和 1.5%，误差精确度在 4 种融合结果中位居首位，峰现时间从 12 小时缩至 6 小时。融合前后的径流模拟结果图[图 5.9(b)]展示了流量随时间的变化情况。从图中可以看出，4 种卫星降水产品模拟的流量过程线与实际流量过程有不小的差异。TMPA 3B42V7、IMERG_Final 和 TMPA 3B42RT 的走势一致，径流量依次从高至低。3 个流量过程线首先下降，至 10 月 16 日迎来洪水起涨过程，10 月 22 日开始消退，起涨时间较实际流量过程晚，且实际洪水过程缓涨缓落，而模拟的洪水相对实际而言时间短、量级大，且峰现时间晚，因此模拟效果不好。消退阶段 IMERG_Final 对应的流量过程线与实际流量过程基本一致，而 TMPA 3B42RT 模拟的流量比实际流量大致高 100 m^3/s。TMPA 3B42V7 消退阶段的流量整体低于实际流量过程。CMORPH_CRT 模拟的流量过程线则没有反映出这场洪水事件的走势情况，流量从初始阶段开始缓慢下降，几乎没有从起涨到洪峰再至消退的过程，因此虽然其 NSE 高于 TMPA 3B42RT 的值，但没有反映出洪水事件的发生过程情况。融合后的 4 种卫星降水产品驱动的水文模型径流过程很好地改善了原来 4 个径流过程线的性能，与实际流量过程更加接近。融合后的 TMPA 3B42RT_M、IMERG_Final_M 模拟的径流量减弱了原卫星降水产品对应洪峰流量高估的现象，与实际洪峰流量更加接近，降低了 TMPA 3B42RT 退水过程高估的趋势，同时升高了 TMPA 3B42V7 的洪峰流量，融合后 TMPA 3B42V7_M 和 IMERG_Final_M 模拟的洪峰流量与实际洪峰流量的误差小于 2%。经融合方法计算后的 CMORPH_CRT_M 降水模拟径流量也一定程度上改善了 CMORPH_CRT 的流量过程线，10/17—22 日之间有一个较为平缓的洪峰，然而整体流量过程线仍然与实际流量过程差异较大。对于站点模拟的流量过程线而言，能够反映径流随时间的变化趋势，但是整体径流量低于实际径流量。其模拟结果较 4 种卫星降水数据更加准确，而融合结果综合了站点降水和卫星降水的信息，融合后 CMORPH_CRT_M 的模拟结果与站点模拟结果接近，TMPA 3B42V7_M 与 IMERG_Final_M 模拟的径流精度则高于站点模拟对应的值。综上所述，对 20161014 号洪水，TMPA 3B42V7、TMPA 3B42RT 与 IMERG_Final 降水源模拟的流量过程能够反映实际流量随时间变化的趋势，但有一定差异，而 CMORPH_CRT 驱动的 GRIDXAJ 模型径流结果无法准确捕捉实际洪水的特征，其原因可能是因为 20161014 号洪水事件的平均降水量只有 10.9 mm，3 小时最大降水量也只有 4.7 mm，因此小洪水模拟比大洪水模拟对初始土壤湿度等参数估计更敏感。对本场洪水事件，径流模拟推荐的降水方案为 CMORPH_CRT_M、IMERG_Final_M 两种融合降水以及站点降水插值数据。

对于 4 种卫星降水产品和 4 种融合降水模拟的 20180706 号洪水事件径流过程而言，表 5.6 的统计指标显示 4 种卫星降水产品模拟径流过程与实际径流过程较为一致。TMPA 3B42V7、CMORPH_CRT 与 IMERG_Final 模拟结果的 NSE 超过 0.8，三者分别为 0.829、0.894 和 0.885，TMPA 3B42RT 对应径流量的 NSE 为 0.728，低于前三者。BIAS 方面，CMORPH_CRT 模拟径流量高于实际径流量，BIAS 为 1.8%，而 TMPA 3B42V7、TMPA 3B42RT 与 IMERG_Final 模拟的径流量 BIAS 为负，分别为 −5%、−7.4%和 −3.2%。洪峰流量统计情况与总径流量的 BIAS 符号一致，而对于峰现时间，统计结果说明所有 4 种卫星降水产品的峰现时间均比实际峰现时间提前一天半以上，绝对误差分布为 −46 小时、−42 小时、−36 小时和 −33 小时。4 种融合结果的 NSE 均大于 0.8，其中 CMORPH_CRT_M 和 IMERG_Final_M 对应径流量的 NSE 为 0.914 和 0.936。融合后模拟的径流量均小于实际径流量，但误差都在 5%以内，TMPA 3B42RT_M 的误差最大，为 −4.2%。洪峰流量方面，融合结果模拟的洪峰流量较实际洪峰流量更为接近，TMPA 3B42V7_M、TMPA 3B42RT_M、CMORPH_CRT_M 和 IMERG_Final_M 的相对误差依次为 1.8%、−3.4%、1.5%以及 0.7%。然而对于峰现时间与实际径流的绝对误差统计可以看出，各融合径流结果的峰现时间依然提前实际峰现时间很多。对于这一问题，图 5.9(c)可以直观地说明发生的情况。图中 20180706 号洪水实际径流过程为一场单峰洪水，其中洪峰流量为 3 413.8 m^3/s，峰现时间是 2018/7/13 15:00，而 4 种卫星降水产品驱动的 GRIDXAJ 模型模拟的径流过程为双峰形洪水，其中第一个洪峰处径流量最大，发生时间约在 7/12 日，因此所有径流结果的峰现时间均较实际大幅提前。产生这一现象的原因可能是 4 种卫星降水产品模拟在 7/10—14 日间有两场降水事件，而实际只有一场降水事件。此外，4 种模拟径流的初始流量都高于实际的初始流量。基于 PCR 的降水融合方法在加入站点数据后，改善了卫星降水产品的数据，模拟的径流量过程双峰较为平缓，并且整体 BIAS 减小，较原卫星降水产品模拟的径流过程有所改善，但是峰现时间依然无法准确匹配。因此，虽然实测与模拟径流精度统计结果显示各模拟结果的统计指标较好，仍需结合实测与模拟的随时间变化的径流过程线来判别二者的一致性情况。与 4 种卫星降水数据的径流模拟过程线相比，基于站点插值降水模拟的洪峰流量过程与实际洪峰流量过程的变化趋势一致，为单峰洪水，但其高估了起涨阶段的流量。从精度统计来看，NSE 为0. 908，BIAS 为−0. 7%，洪峰流量误差小于 3%并且峰现时间绝对误差明显优于其余的模拟结果。整体而言，站点降水模拟的径流统计指标高于 4 种卫星降水产品与 4 种融合降水模拟的径流量，虽然 CMORPH_CRT_M 和 IMERG_Final_M 的 NSE 高于站点模拟径流的 NSE，但从模拟的径流过程线与实际径流过程一致性上而言基于站点降水的模拟结果更准确。因此，对于 20180706 号洪水事件，由于 4 种卫星降水驱动的 GRIDXAJ 模型模拟径流过程与实际径流过程有较大的差异，在这场洪水事件中的水文效用较差，因而推荐方案为地面站点插值降水。

5. 4. 2 赣江上游区洪水事件径流模拟

赣江上游区三场洪水事件对应的降水特性如表 5. 7 所示，相较于黄河源区三场洪水事件，赣江上游区的洪水事件历时更短，降水总量更大，3 小时最大降水量也显著高于黄河源区。选取与黄河源区风格迥异的三场洪水事件，来验证融合降水方法对不同 3 小时降水事件的效果与各降水源的水文效用。

表 5. 7 赣江上游区三场洪水事件降水特性

洪水事件	起止日期	历时 (d)	降水总量 (mm/事件)	最大降水量 (mm/3 h)
20120509	2012/5/9—5/20	12	150. 7	73. 5
20130713	2013/7/13—7/19	7	86. 8	43. 5
20140521	2014/5/21—5/24	4	103. 9	47. 5

表 5. 10 和图 5. 10 为 4 种卫星降水产品与 4 种融合结果就降水数据作为输入，模拟赣江上游区三场洪水事件的 3 小时流量过程线。4 种卫星降水产品模拟 20120509 号洪水事件的径流结果表明，确定性系数（NSE）介于 0. 57～0. 855，其中 IMERG_Final 结果最好，TMPA 3B42RT 最低。TMPA 3B42V7、TMPA 3B42RT 和 IMERG_Final 的径流量低于实际径流量，BIAS 分别为−3. 6%、−17. 3%和−0. 6%，CMORPH_CRT 模拟的径流量大于实际径流量。从洪峰流量的统计来看，4 种降水源模拟的洪峰流量均明显低估了实际洪峰流量，BIAS 依次为−23. 3%、31. 2%、−17. 8%和−15%。除 CMORPH_CRT 模拟的洪峰流量时间较实际峰现时间晚 42 小时外，其余产品模拟

的最大径流量时间与实际的洪峰出现时间吻合。4 种融合降水模拟的径流过程与实际径流过程一致性更佳，NSE 统计结果范围介于 0.861～0.937，除 IMERG_Final_M 外，其余 3 种径流量与实际径流量的 BIAS 有所缩小，尤其是 TMPA 3B42RT_M 降水对应的径流量 BIAS 从－17.3%减小至－9.5%。与径流量变化趋势一样，洪峰流量的相对误差也缩至－3.8% ～ －17.7%之间，两种 TRMM 融合降水模拟的洪峰发生时间比实际峰现时间早 6 小时，CMORPH_CRT_M 的结果则从 42 小时降低至 33 小时。从 8 种降水输入模拟的流量过程[图 5.10(a)]可以看出，20120509 号洪水事件是多峰形洪水，其中 5/11—13 日的两个洪峰流量较小，5/14—17 日之间的两个洪峰陡涨陡落，且流量较大。除 CMORPH_CRT 外 3 种卫星降水产品模拟的结果基本能够掌握多峰型洪水的趋势，各峰现时间也相吻合，但是高估了前两个洪峰流量，低估了后两个洪峰流量。而 CMORPH_CRT 降水没有很好地反映出后两个洪峰流量之间的过程，对于最大的洪峰没有捕捉到准确信息。其融合结果改善了降水数据质量，模拟的径流过程更加贴近实际径流过程。其余 3 种融合降水的流量过程线提升了后两个洪峰的径流量，精度有所提升。整体来讲，对于多峰形的洪水事件，无论是 4 种卫星降水还是 4 种融合降水，其模拟的流量过程线都不能十分准确地反映实际流量随时间的变化情况。地面站点模拟 20120509 号洪水事件总体上能够反映径流随时间变化的趋势，虽然低估了起涨阶段的洪量，但是准确地估计了整场洪水洪峰流量和峰现时间，其模拟结果的 NSE 为 0.932，BIAS 为－2%，洪峰流量误差低于 1%，显著好于 4 种卫星降水产品模拟的径流。融合降水模拟的径流结果中，TMPA 3B42V7_M 和 CMORPH_CRT_M 对应的 NSE 接近站点模拟径流的 NSE，但是洪峰流量差异仍然显著，只有 IMERG_Final_M 的模拟结果优于站点的模拟结果。因此，对于 20120509 号洪水事件，径流模拟的降水输入推荐方案为 IMERG_Final_M 和地面站点插值的降水数据。

对 20130713 号洪水事件，4 种卫星降水产品模拟径流量的统计结果较好，NSE 介于 0.839～0.902，模拟流量与实际流量误差在 5%之内，两种 TRMM 数据对应的 BIAS 为负，另外两种为正。洪峰流量方面，4 种卫星降水产品模拟洪峰流量与实际洪峰流量的误差依次为－18.9%、－21.4%、－17.3%以及－11.8%，均有不同程度的低估，峰现时间比实际晚 3～6 小时。融合结果驱动模型径流量的 NSE 令人满意，最低为 0.881。BIAS 变化幅度不大，但 TMPA 3B42RT_M 模拟流量的 BIAS 为－6.2%。CMORPH_CRT_M 模拟的洪峰流量与实际洪峰流量的误差最小，为－4.1%，两种 TRMM 数据融合结果模拟径流的峰现时间较实际滞后 6 小时，而后两种融合降水准确地模拟了峰现时间。从图 5.10(b)可以看出，4 种卫星降水产品模拟的流量过程线低估了洪峰流量，同时退水阶段的径流轨迹与实际的退水轨迹略有出入。融合降水的模拟结果改善了这两个问题，更加准确地反映了实际径流随时间的变化。地面站点插值结果模拟的径流过程与 CMORPH_CRT 和 INERG_Final 的模拟结果相似，与实际径流随时间的变化相关性一致，但低估了洪峰流量。融合后 CMORPH_CRT_M 与 IMERG_Final_M 模拟的径流统计精度要优于地面站点模拟的结果，对洪峰流量的估计准确度提高。因此，对于 20130713 号洪水事件，径流模拟推荐的降水输入方案为 CMORPH_CRT、IMERG_Final、地面站点、CMORPH_CRT_M 以及 IMERG_Final_M。

表 5.8 赣江上游区三场洪水事件实测径流与模拟径流精度评估

洪水事件	降水输入	NSE	BIAS (%)	洪峰流量			峰现时间绝对误差 (h)
				实测 (m^3/s)	模拟 (m^3/s)	BIAS (%)	
20120509	站点	0.932	−2	3 020.0	3 033.2	0.44	0
	TMPA 3B42V7	0.723	−3.6		2 316.4	−23.3	0
	TMPA 3B42RT	0.57	−17.3		2 078.9	−31.2	0
	CMORPH_CRT	0.807	1.9		2 482.3	−17.8	42
	IMERG_Final	0.855	−0.6		2 568.0	−15.0	0
	TMPA 3B42V7_M	0.913	−0.8	3 020.0	2 703.7	−10.5	−6
	TMPA 3B42RT_M	0.861	−9.5		2 484.7	−17.7	−6
	CMORPH_CRT_M	0.912	−0.7		2 626.9	−13.0	33
	IMERG_Final_M	0.937	1.4		2 905.2	−3.8	0
20130713	站点	0.90	−1.6	1 580.0	1 345.5	−14.8	0
	TMPA 3B42V7	0.854	−1.2		1 281.4	−18.9	3
	TMPA 3B42RT	0.839	−3.2		1 242.4	−21.4	3
	CMORPH_CRT	0.88	2.5		1 306.8	−17.3	6
	IMERG_Final	0.902	3.3		1 393.6	−11.8	3
	TMPA 3B42V7_M	0.888	1.6	1 580.0	1 321.4	−16.4	6
	TMPA 3B42RT_M	0.881	−6.2		1 316.7	−16.7	6
	CMORPH_CRT_M	0.946	−0.6		1 514.6	−4.1	0
	IMERG_Final_M	0.929	−1.1		1 430.0	−9.5	0
20140521	站点	0.776	−7.4	4 010.0	3 861	−3.7	−3
	TMPA 3B42V7	0.619	−12.4		3 221.2	−19.7	0
	TMPA 3B42RT	0.586	−13.3		3 351.4	−16.4	−3
	CMORPH_CRT	0.647	−10.7		3 674.5	−8.4	−3
	IMERG_Final	0.704	−6.4		3 665.2	−8.6	−3
	TMPA 3B42V7_M	0.833	−1.4	4 010.0	3 723.3	−7.2	0
	TMPA 3B42RT_M	0.869	−5.5		3 658.5	−8.8	0
	CMORPH_CRT_M	0.864	4.4		3 879.0	−3.3	0
	IMERG_Final_M	0.885	1.7		4 006.7	−0.1	0

对于 4 种卫星降水产品和 4 种融合降水模拟的 20140521 号洪水事件而言，其模拟效果不如之前两场，径流量精度统计中，NSE 的范围是 0.586～0.704，而 4 种卫星降水产品模拟的径流量都低于实际径流量，BIAS 分别为－12.4%、－13.3%、－10.7%以及－6.4%。洪峰流量相对误差也呈现低估趋势，两种 TRMM 产品模拟洪峰流量的 BIAS 为－19.7%和－16.4%，另外两者的 BIAS 为－8.4%和－8.6%。除 TMPA 3B42V7 外的 3 种降水模拟的峰现时间较实际峰现时间提前了 3 小时。4 种融合降水模拟径流量的效果较原始降水模拟的有较大提升。TMPA 3B42RT 和 CMORPH_CRT 的 NSE 从 0.586 和 0.647 提升至 0.869 和 0.864。经过融合处理后，CMORPH_CRT_M 和 IMERG_Final_M 模拟的径流量略高于实际径流量，两者 TRMM 融合结果的 BIAS 也降至－6%以内。同样地，融合降水模拟结果提高了洪峰流量处的值，减小了相对误差，并且所有模拟的峰现时间与实际相吻合。图 5.10(c)直观地比较了融合前后径流模拟的区别，融合前的各流量过程线洪峰流量没有达到实际的范围，退水阶段也有不同程度的低估。融合后，IMERG_Final_M 模拟的洪峰流量几乎与实际一致，其余的结果也有所提升，但是退水过程流量比实际流量大，导致匹配效果较差。相对于 4 种卫星降水产品模拟的径流结果，站点插值模拟的径流对洪峰流量的模拟效果较好，但是起涨与退水阶段模拟值大于实际的径流量。4 种融合降水模拟的径流结果 NSE 均优于站点 20140521 号洪水事件径流随时间的变化情况。因此，推荐的降水输入方案为 TMPA 3B42V7_M、TMPA 3B42RT_M、CMORPH_CRT_M 和 IMERG_Final_M。

比较不同降水源在两个流域径流模拟的精度指标可以发现，在黄河源区模拟洪峰与实际洪峰误差较小，但峰现时间往往误差较大；而在赣江上游区模拟的洪峰流量误差较大，而峰现时间往往与实际吻合。其原因可能是因为黄河源区降水量与降水强度较小，洪水的量级不大，因此洪峰较易模拟，但是小洪水模拟对初始土壤湿度等参数估计更敏感，因此峰现时间不好掌握。而赣江上游区的洪水类型峰值流量大，洪水陡涨陡落，因此容易模拟洪水随时间的变化过程，而对洪峰流量估计的准确度相对略低。

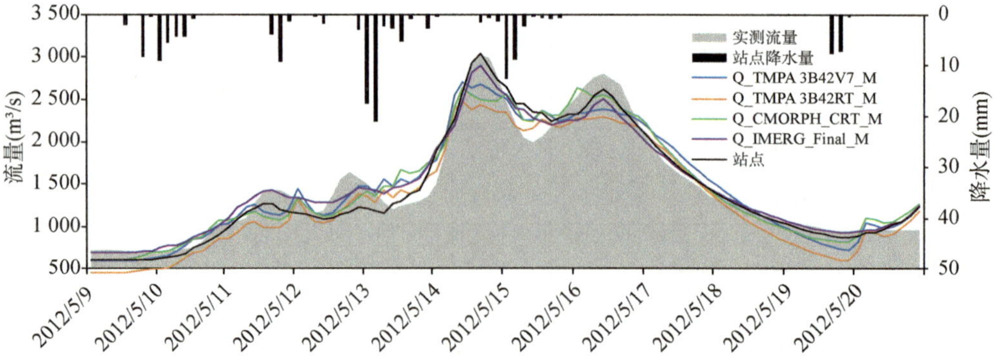

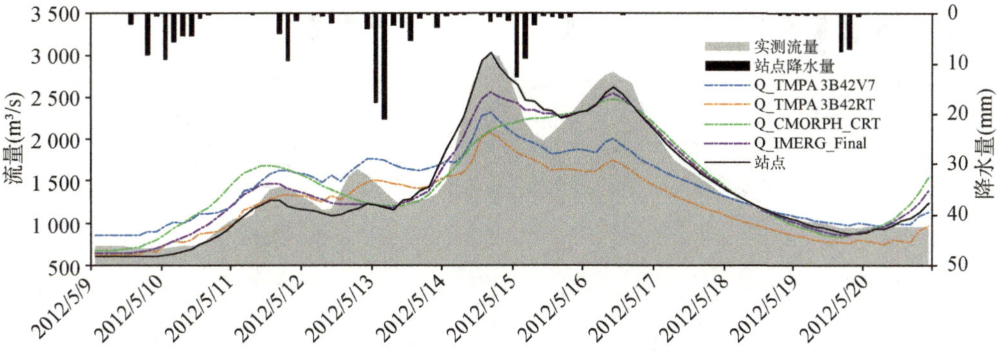

(a) 洪水事件一：2012/5/9—2012/5/20

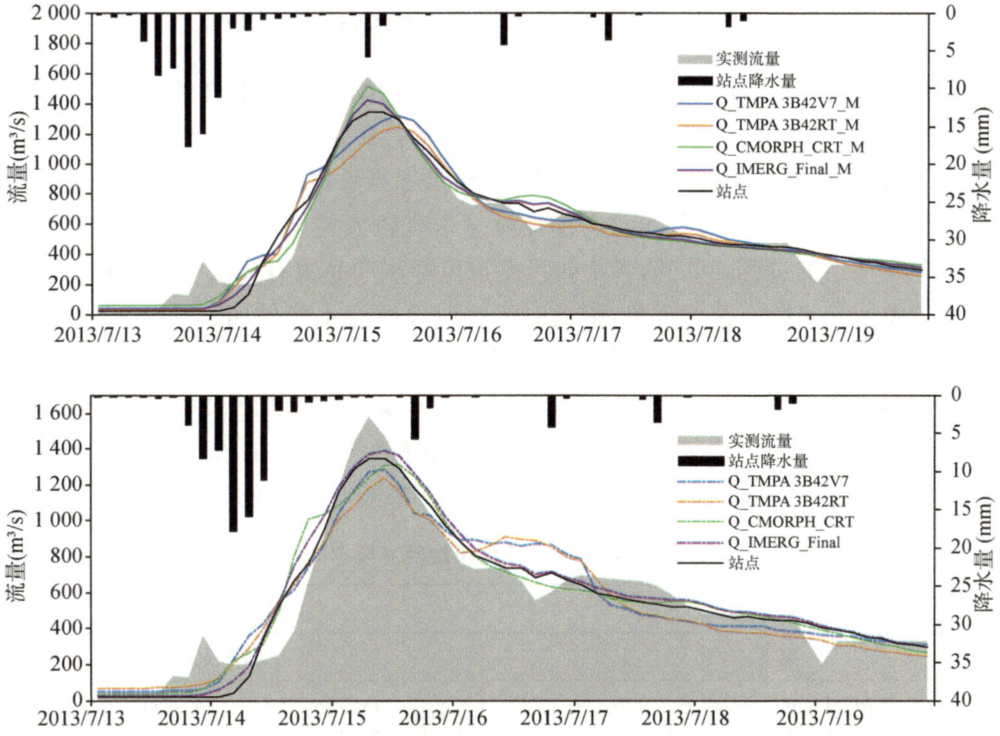

(b) 洪水事件二：2013/7/13—2013/7/19

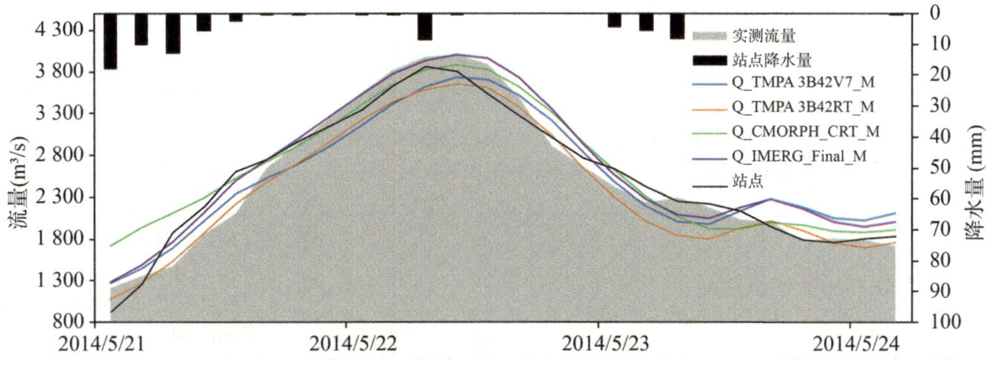

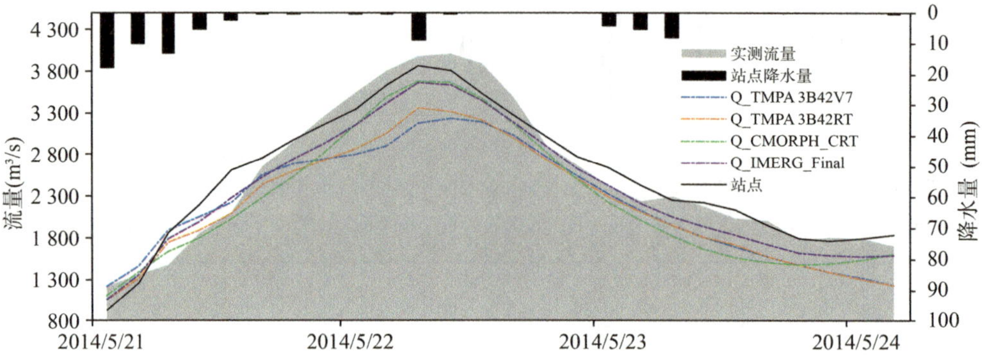

(c) 洪水事件三:2014/5/21—2014/5/24

图 5.10 赣江上游区峡山站三场洪水事件径流过程模拟

此外,相较于日尺度而言,卫星降水产品在不同场次洪水事件的精度表现不一。就 CMORPH_CRT 而言,其日尺度降水产品在两个流域的适用性较好,稳定性较高。但对于小时尺度产品,对黄河源区 20161014 号洪水事件以及赣江上游区 20120509 号洪水事件,其模拟的径流过程线与实际径流过程有较大差异,无法很好地捕捉洪水起涨—峰顶—消退的过程。此外,各小时尺度卫星降水产品也有无法准确反映多峰型洪水及模拟洪水与实际不符等现象,因此对于小时尺度洪水事件而言,有必要具体分析不同洪水事件下各卫星降水产品的精度及水文效用。

根据不同降水数据驱动黄河源区和赣江上游区模拟日径流结果与三场洪水事件的径流结果,我们提出了适合两个流域不同尺度水文模拟的降水输入推荐方案,如表 5.9 所示。降水融合结果与地面站点数据在多数情况下都能够较准确地模拟径流过程。

表 5.9 黄河源区与赣江上游区不同尺度径流模拟降水输入推荐方案

黄河源区			赣江上游区		
推荐方案			推荐方案		
日尺度	IMERG_Final、地面站点、TMPA 3B42V7_M、CMORPH_CRT_M、IMERG_Final_M		日尺度	IMERG_Final_M、CMORPH_CRT_M、地面站点	
洪水事件	20150921	IMERG_Final、地面站点、TMPA 3B42V7_M、CMORPH_CRT_M、IMERG_Final_M	洪水事件	20120509	IMERG_Final_M、地面站点
	20161014	CMORPH_CRT_M、IMERG_Final_M、地面站点		20130713	CMORPH_CRT、IMERG_Final、地面站点、CMORPH_CRT_M 以及 IMERG_Final_M
	20180706	地面站点		20140521	TMPA3B42V7_M、TMPA 3B42RT_M、CMORPH_CRT_M 和 IMERG_Final_M

综上所述，通过模拟不同降水源驱动水文模型得到的径流过程精度对比，一方面可以反映各数据源的水文效用，另一方面通过各径流过程的表现情况也侧面反映了降水数据之间的差异。因此，不论是探究不同降水数据的差异还是准确预报洪水特征，采用水文模拟都起到了重要作用。

5.5 本章小结

本章介绍了 GRIDXAJ 水文模型的框架结构以及模型径流模拟精度评估方法，构建了黄河源区和赣江上游区各种卫星降水产品与对应的各种卫星-站点融合降水产品作为模型降水输入，模拟唐乃亥和峡山水文站日径流过程与三场典型洪水过程，比较不同降水模拟径流的差异以及各降水数据的水文效用。本章主要研究内容与结论如下：(1) 采用基于 PCR 站点空间插值方法生成的日降水量，对黄河源区和赣江上游区 1961—1987 年历史水文过程进行率定和验证，结果表明，GRIDXAJ 模型能够较好地模拟黄河源区和赣江上游区历史日流量过程，模拟值与实测值匹配良好。同时采取长时段的历史水文过程模拟结束时的流域状态和参数变量作为评估不同来源降水的模型初始状态，可以使模型的各状态变量接近真实状态，从而更加客观准确地比较不同来源降水的水文效用。(2) 月径流与日径流的模拟结果显示，在黄河源区基于主成分回归的加法模型融合 4 种卫星降水驱动 GRIDXAJ 模型模拟的日、月径流的精度要优于原始卫星降水的模拟结果。原始卫星降水产品中，CMORPH_CRT、IMERG_Final 降水数据的水文效用较好，经过融合处理后，TMPA 3B42V7_M、CMORPH_CRT_M、IMERG_Final_M 均有很好的水文效用。赣江上游区 4 种卫星降水数据中，除 IMERG_Final 外，各自模拟的日径流结果对高流量均有所高估，IMERG_Final 的模拟效果较好。采用融合降水作为 GRIDXAJ 模型的输入模拟日、月径流过程的精度较原始卫星降水的模拟结果有所提升，其中 TMPA 3B42V7_M、CMORPH_CRT_M 和 IMERG_Final_M 的水文效用更好。(3) 不同降水数据相对于地面站点观测的误差会水文传递至径流，并且可能会有放大误差的现象。通过水文模拟比较各降水驱动的径流量可以判别不同降水数据的水文效用，同时基于径流模拟也能够客观验证降水数据的优劣。(4) 小时尺度的卫星降水产品在不同场次洪水事件中的精度表现不一，包括无法准确反映多峰型洪水以及模拟洪水与实际不符等现象，因此对于小时尺度洪水事件而言有必要具体分析各卫星降水产品的精度及水文效用。基于 PCR 方法的融合降水驱动 GRIDXAJ 模型模拟两个流域的洪水过程精度较原始降水模拟结果有不同程度的提升，表明其小时尺度的水文效用较好。(5) 通过赣江上游区和黄河源区的日径流过程可以看出，融合质量较好的卫星降水产品，其驱动的水文模型模拟结果优于地面站点的模拟结果，因而基于主成分回归的加法融合模型能够捕捉卫星产品与地面站点数据的有效信息，从而生成更加准确的降水空间分布，为水文模拟等提供可靠的数据来源。(6) 根据不同降水数据驱动黄河源区和赣江上游区模拟日径流结果与三场洪水事件的径流结果，提出了适合两个流域不同尺度水文模拟的降水输入推荐方案。对于黄河源区和赣江上游区，IMERG_Final、地面站点、TMPA 3B42V7_M、CMORPH_CRT_M、IMERG_Final_M 数据多数都适用于日尺度和三场洪水事件的径流模拟（除了 20180706 号洪水事件，推荐方案只有地面站点降水）。由于实时卫星降水产品 TMPA 3B42RT 由多卫星被动微波遥感 PMW 率定 IR 数据组合直接产生，未经地面站点校正，因此其降水产品和对应的融合结果不推荐应用于两个流域的径流模拟。

第六章

总结与展望

6.1 主要研究成果

降水是最基本的气象水文要素，其空间分布在水文模拟、灾害预测和流域管理等方面扮演着重要的作用，因此准确地推求降水的时空分布具有重要的理论与实际意义。由于降水在不同气候、海拔等地区的时空分布特征迥异，因此降水空间估计技术、卫星降水产品也可能表现出差异性。本书以我国高海拔区黄河源区与降水集中区赣江上游区为例，探究传统空间降水插值技术，随后评估了多种卫星降水产品在不同区域的估计能力与适用性，重点开展了卫星降水数据与地面站点观测降水的融合方法研究，最后构建卫星降水产品与降水融合数据为输入的水文模型，评估不同降水数据在流域水文模拟和预报中的应用潜力。本书研究为认知缺资料地区降水时空分布、改进流域防洪抗旱预测精度等问题提供了方法上的借鉴。

本书主要的研究成果和结论可总结为以下 4 个方面：

第一，揭示了传统回归方法用于降水空间插值自变量间的多重共线性特征，建立基于 PCR 方法的降水空间估计模型。

（1）阐明了 PCR 方法用于降水空间估计较传统降水插值方法的特点与优势。建立了黄河源区与赣江上游区年、日、小时 3 个尺度的 PCR、IDW 与 MLR 方法降水空间估计模型。引入高程、坡度和坡向地形因子作为 PCR 与 MLR 的自变量输入。PCR 方法对黄河源区和赣江上游区降水空间估计有较高的精度，在消除了自变量共线性的同时加入坡度和坡向等微观因子，更加精确地估计了降水空间分布特征。加入多项地形因子的 MLR 方法由于自变量间性自相关的问题导致估计降水能力较差，因此在采用 MLR 方法进行降水插值时需要进行共线性诊断。

（2）降水插值方法在年、日、小时尺度降水空间估计效果有所不同。对于年际尺度与日尺度而言，PCR 方法效果最好，IDW 次之，MLR 较差。并且由于日降水的空间变异性较年际降水的空间变异性更大，因此日尺度 3 种插值方法统计指标间的差异更为明显。洪水事件的降水往往是短时间内降水强度很高，其余时间降水几乎为 0，导致插值的不确定性增加以及交叉验证统计结果多时段均化等问题。

第二，以黄河源区和赣江上游区地面站网观测降水数据为基准，在月、日、小时尺度上评估了 TMPA 3B42V7、3B42RT、CMORPH_CRT 和 IMERG_Final 共 4 套卫星降水产品对流域降水时空分布特征的估计能力，分析了卫星降水产品在不同气候特征流域的适用性，也为卫星遥测数据与地面站点观测降水的融合提供了前期资料论证。

（1）4 种卫星降水产品不同时间尺度的精度统计指标反映出卫星降水产品在黄河源区的误差较大，其中实时卫星降水产品 TMPA 3B42RT 由于未经地面站点修正，其精度在两个流域差异巨大，在黄河源区有系统性偏大误差，日尺度 13 个站点的 CC 均值为 0.21；BIAS 均值为 75.9％，其中玛多站 BIAS 高达 180％；RMSE 均值为 35 mm。

而在赣江上游区，TMPA 3B42RT 的 CC 均值为 0.44，BIAS 为 10.8%，RMSE 均值为 13.3 mm。其余 3 种滞时卫星降水产品均经过 GPCC 等站点的校正，精度比直接由微波遥感 PMW 率定 IR 数据组合的实时降水产品有所提升，CC、BIAS 和 RMSE 均值范围分别为 0.25～0.35、－14%～15.5%、15.2～21.3 mm，其对应精度统计指标在赣江上游区的均值分别为 0.39～0.49、－3.5%～7.7%以及 11.7～12.8 mm。4 种卫星降水产品在赣江上游区降水探测能力方面准确度也高于在黄河源区的结果，POD 介于 0.61～0.66、FAR 范围是 0.32～0.47、CSI 介于 0.4～0.47。由此可知，相对于黄河源区，各卫星降水产品对赣江上游区的降水空间分布特征具有较强的动态跟踪能力，其适用性较黄河源区更强。

(2) 从月时间尺度空间分布误差可以看出，实时产品 TMPA 3B42RT 在两个流域都有明显的高估，TMPA 3B42V7 降水与地面观测的误差为正的网格数多于误差为负的网格数，呈现高估趋势；而 CMORPH_CRT 在两个流域的 BIAS 均值为负，降水空间分布略小于实际的空间分布。IMERG_Final 在黄河源区的 BIAS 空间分布均值为－4%，在赣江上游区的值为 6.3%，误差较实际降水空间分布差异不大，也无偏大或偏小的现象。IMERG_Final 和 CMOPRH_CRT 在黄河源区绝大部分区域的 CC 介于 0.85～0.9和 0.75～0.8，效果较好。赣江上游区 IMERG_Final 与 TMPA 3B42V7 在流域大部分区域的 CC 大于 0.85；CMORPH_CRT 次之；TMPA 3B42RT 的相关系数空间分布较差，全流域介于 0.75～0.85。

(3) 根据 CC、BIAS、RMSE、POD、FAR、CSI 等评估指标结果可以得出，在两个流域里 IMERG_Final 的精度指标均优于其他卫星降水产品，表明其具有准确的日降水探测能力，在两个流域的适用性较强。

(4) 日尺度混淆矩阵结果表明，卫星降水数据对有/无降水日的判别能力比较稳定，而随着日降水分类等级的提高，4 种卫星降水数据的估计能力降低，对大暴雨事件的准确度有较大不足。4 种卫星降水对于黄河源区较高降水级别(＞30 mm)的探测能力中，IMERG_Final 的探测率为 34%，在所有卫星降水产品中最高。TMPA 3B42V7 为 20%，TMPA 3B42RT、CMORPH_CRT 对大雨等级的探测能力较低，分别为 14%、16%。IMERG_Final、TMPA 3B42V7、TMPA 3B42RT、CMORPH_CRT 对赣江上游区 40 mm 以上降水的探测准确度分别为 39%、24%、21%和 39%，较黄河源区结果更优。黄河源区卫星降水产品估计的降水量多集中于在 0.1～1 mm之间，与实际降水的相关性较差。总体而言，IMERG_Final 在两个流域对各级别的降水都表现出更好的辨识能力。

(5) 4 种 3 小时卫星降水产品能够较为有效地识别各流域三场洪水事件的降水分布特征。与日尺度相比，小时尺度的 TMPA 3B42RT 降水数据在黄河源区无明显高估趋势。此外，对于识别次日尺度的降水事件，各卫星降水产品之间的差异不显著。两个流域三场洪水事件的混淆矩阵反映出卫星降水产品对不同等级的降水探测能力较强，尤其是无降水时段，黄河源区三场洪水事件 0.1 mm/3 h 以下降水等级各卫星降水的探测率均超过 80%，20150921 号洪水事件准确度最高达到 98%。赣江上游区各卫星降水对于 0.5 mm/3 h 以下降水的探测准确度也超过 79%。但是对于不同场次的洪水事件较大类别的降水，各卫星降水产品的探测能力有差异。

(6) 4 种卫星降水产品在黄河源区和赣江上游区具有降水空间连续性和一定的降水辨识能力，尤其是滞时卫星降水产品 IMERG_Final、TMPA 3B42V7 和 CMORPH_CRT 通过与地面观测降水的误差校正，对各站点处降水的动态追踪能力较强。因此，进一步将卫星降水产品与地面站网观测融合对更精准地估计降水空间分布有重要意义。

第三，构建了基于 PCR 方法的卫星降水与站点观测数据融合模型，选取各原始卫星降水产品在黄河源区和赣江上游区月、日、小时尺度对应的时间序列，开展对应的卫星降水与站点观测数据融合研究，并评估融合结果的精度。

(1) 基于加法模型融合原理，对降水误差场的估计选取主成分回归模型，在有效地避免自变量间多重共线性问题的同时引入经纬度、高程、坡度、坡向的宏观与微观地形因子，更精细地修正降水背景场信息。在月尺度、日尺度及小时尺度构建了 TMPA 3B42V7、TMPA 3B42RT、CMORPH_CRT 和 IMERG_Final 这 4 种卫星数据的融合模型。

(2) 融合 4 种卫星降水产品与站点的月降水数据后，各融合结果在黄河源区和赣江上游区较原卫星产品精度有所提升。融合结果的 3 个统计指标在黄河源区上有显著提升，就 BIAS 而言，TMPA 3B42V7_M、CMORPH_CRT_M 和 IMERG_Final_M 的范围介于−40%～40%，TMPA 3B42RT_M 的 BIAS 减小至 10%～150%。TMPA 3B42V7_M、CMORPH_CRT_M 和 IMERG_Final_M 的相关系数(CC)在空间上大部分地区都超过 0.9，融合产品的 RMSE 较对应卫星降水产品的 RMSE 在黄河源区 250 个网格上有明显的降低。4 个融合结果在赣江上游区月降水相对观测值的 BIAS 从原始的−20%～50%减至−15%～30%，所有融合结果的 CC 绝大多数都在 0.8 以上，RMSE 的值也从 20～160 mm 减至 20～100 mm。IMERG_Final_M、TMPA 3B42V7_M 和 CMORPH_CRT_M 3 种融合结果同时在两个流域的月降水空间分布与观测值基本一致。

(3) 黄河源区和赣江上游区各站点处卫星降水产品与融合结果的日降水量泰勒图显示，融合产品的统计结果更加靠近 Gauge 点，表明融合方法与实际降水空间场的相似度更高。日尺度融合结果的混淆矩阵表明，融合后的各降水序列减轻了原始卫星数据在黄河源区降水量集中于 0.1～1 mm 之间的现象，提高了与实测降水的相关性。在赣江上游区，经过融合处理后 4 种卫星降水产品探测无水日和小降水类别(0.1～5 mm)的能力显著提升。

(4) 两个流域三场洪水事件的融合降水精度分析表明，融合方法可以有效地提升小时尺度卫星数据的精度，从而更加准确地探测洪水事件对应降水的时空分布特征。三场洪水事件的泰勒统计阐明融合后的数据 CC、CRMSE、SD 这 3 个指标其中之一可能略微下降，但其提高了卫星降水的整体综合性能。对比两个流域每场洪水事件的混淆矩阵结果可以看出：对于降水等级较低的类别，黄河源区各融合结果准确度较高，而对于较大降水等级，赣江上游区的结果更优。融合结果可更准确地反映黄河源区和赣江上游区洪水事件的降水特征，从而为洪涝灾害预警提供更加可靠的降水来源。

(5) 融合方法对不同种类卫星降水产品的效果不一样，并且这些影响在不同地貌特征的流域中也有所不同。有时会出现融合处理后部分结果的 BIAS 或 CC 较原降水数据有所下降的情况，因此需要分析降水数据来源、流域特征等条件，作用效果不可一概而论。但总体而言，融合方法对改善卫星降水数据精度有很大的潜力，基于主成分回归的加法模型对降水融合的研究提供了重要参考。

第四，构建了黄河源区和赣江上游区各种卫星降水产品与对应的卫星-站点融合降水驱动的 GRIDXAJ 水文模型，模拟唐乃亥和峡山水文站日径流过程与三场典型洪水过程，比较不同降水模拟径流的差异以及各降水数据的水文效用。

(1) 采用基于 PCR 法的站点空间插值生成的日降水量驱动 GRIDXAJ 模型，对黄河源区和赣江上游区 1961—1987 年历史水文过程率定和验证。黄河源区率定期 NSE 和 LogNSE 为 0.931 和 0.923，BIAS 为 0.7%；验证期 NSE 和 LogNSE 结果分别为 0.922与 0.899，BIAS 为−1.3%。赣江上游区率定期的 NSE 和 LogNSE 值为 0.886 与 0.862，BIAS 为−3.4%；验证期 NSE 与 LogNSE 结果为 0.895 和 0.881，BIAS 为−0.4%。结果表明，GRIDXAJ 模型能够较好地模拟黄河源区和赣江上游区历史日流量过程，模拟值与实测值匹配良好，可以较为成功地应用于黄河源区和赣江上游区。采取长时段的历史水文过程模拟结束时的流域状态和参数变量作为评估不同来源降水的模型初始状态，可以使模型的各状态变量接近真实状态，从而更加客观准确地比较不同来源降水的水文效用。

(2) 月径流与日径流的模拟结果表明，在黄河源区基于主成分回归的加法模型融合 4 种卫星降水驱动 GRIDXAJ 模型模拟的日、月径流的精度要优于原始卫星降水的模拟结果。原始卫星降水产品中，CMORPH_CRT、IMERG_Final 降水数据的水文效用较好，日径流模拟结果中 NSE 与 LogNSE 大于 0.7，CC 均大于 0.85。月径流序列的 NSE 与 LogNSE 大于 0.75，CC 均大于 0.9。经过融合处理后，TMPA 3B42V7_M、CMORPH_CRT_M 和 IMERG_Final_M 均有很好的水文效用，日流量序列精度统计结果可以看到，以上 3 种降水模拟径流序列的 NSE 和 LogNSE 大于 0.8，对高流量和基流都有较准确的刻画，同时 CC 大于 0.9。月流量序列的 NSE 和 LogNSE 则基本都在 0.85 以上，IMERG_Final_M 对应的 CC 为 0.96。赣江上游区 4 种卫星降水数据中除 IMERG_Final 外，各自模拟的日径流结果对高流量均有所高估，IMERG_Final 的模拟效果较好，日流量序列的 NSE 和 LogNSE 分别为 0.844 和 0.865，BIAS 为3.4%，CC 为 0.89。采用融合降水作为 GRIDXAJ 模型的输入模拟日、月径流过程的精度较原始卫星降水的模拟结果有所提升，能够更好地再现径流随时间的变化趋势，以及峰值流量和基流量，因而可以作为两个流域水文和其他气候应用的参考降水数据集。

(3) 不同降水数据相对于地面站点观测的误差会水文传递至径流，并且可能会有放大误差的现象。例如，黄河源区实时卫星降水产品 TMPA 3B42RT 日降水数据与站点观测降水的 BIAS 范围介于 42.5%～180.1%，其驱动水文模型模拟的日径流量与实测径流量的 BIAS 为 197.2%；融合后，TMPA 3B42RT_M 日降水的范围缩小至 27.8%～168%，其模拟径流误差为 175.9%。通过水文模拟比较各降水驱动的径流量可以判别不同降水数据的水文效用，同时基于径流模拟也能够客观验证降水数据的优劣。

(4) 相较于日尺度而言，卫星降水产品在不同场次洪水事件的精度表现不一。例如，CMORPH_CRT 的日尺度降水数据在两个流域的适用性较好。但对黄河源区 20161014 号洪水事件以及赣江上游区 20120509 号洪水事件，其模拟的径流过程线与实际径流过程有较大差异，无法很好地捕捉洪水起涨—峰顶—消退的过程。因此，有必要具体分析不同洪水事件下各卫星降水产品的精度及水文效用。基于 PCR 方法的融合降水模拟两个流域的洪水过程，其 NSE、BIAS、洪峰相对误差及峰现时间等指标较原始降水模拟结果整体上有所提升，表明小时尺度融合降水的水文效用较好。

(5) 通过赣江上游区和黄河源区的日径流过程可以看出，融合质量较好的卫星降水产品，其驱动的水文模型模拟结果优于单一基于站点模拟的径流精度，因而基于主成分回归的加法融合模型能够捕捉卫星产品与地面站点观测数据的有效信息，从而生成更加准确的降水空间分布，为水文模拟等提供可靠的数据来源。

(6) 根据不同降水数据驱动黄河源区和赣江上游区模拟日径流结果与三场洪水事件的径流结果，提出了适合两个流域不同尺度水文模拟的降水输入推荐方案。对于黄河源区和赣江上游区，IMERG_Final、地面站点、TMPA 3B42V7_M、CMORPH_CRT_M、IMERG_Final_M 数据多数都适用于日尺度和三场洪水事件的径流模拟(除了 20180706 号洪水事件，推荐方案只有地面站点降水)。由于实时卫星降水产品 TMPA 3B42RT 由多卫星被动微波遥感 PMW 率定 IR 数据组合直接产生，未经地面站点校正，因此其降水产品和对应的融合结果不推荐应用于两个流域的径流模拟。

6.2 研究的不足与展望

本书研究还存在若干不足，未来将进一步深入研究多源降水数据的融合方法以及其在水文水资源研究中的应用等方面的问题：

(1) 降水信息源需要进一步丰富。本书中使用多源降水数据融合时仅仅考虑了两种不同降水观测信息之间的联系。然而，仅仅依靠这两个降水源和回归统计模型并不能完全解释降水的时空变化特征。在水文气象研究中，降水的时空分布及其演变过程可能与大气环流、局部地形、降水物理成因、水文和气象观测条件等多方面有显著的联系。因此，后续研究应获取更丰富的观测信息，诸如构建卫星-雨量站-雷达的降水融合体系，弥补地面站点稀疏带来的无法代表整个流域降水分布的问题。或者综合多种卫星降水产品，通过优势互补来提高降水融合的精度。

（2）由于本书研究中的两个流域地面站点数量较少，在融合时全部使用了所有地面站点的降水数据，无法考虑到站点疏密度与融合效果之间的关系，不同疏密度的雨量站网对融合方法的适用性及对降水融合精度的影响，还有待进一步深入研究。

（3）采用多种水文模型分析不同降水源的水文效用。本书虽然统一了各降水输入驱动模型的参数，满足客观条件一致，但是由于水文模型原理结构的差异与自身不确定性等问题，诸如由于研究区域内没有积雪数据，因此对融雪模块中的 3 个参数进行了先验分配。其中，度日因子相对敏感，该参数较高往往会加速融雪过程，从而在融雪期产生额外的径流。因此，选择两种以上的水文模拟能够更加准确地分析和比较各降水数据在不同流域上的水文效用。

（4）发展针对局部流域特征的卫星降水融合方法。本书中对降水空间插值以及卫星-站点降水数据融合均是在全流域尺度下的统计结果，然而对于地形起伏较大的区域，地形因素对降水分布影响较大，山峰山谷处降水不一、“东边日出西边雨”的情况也并不鲜见。而对于降水密集流域，不同区域的降水强度很可能相差甚远。因此，有必要进一步深化融合方法对流域局部降水分布的认识。

参考文献

[1] Maidment D R. Handbook of hydrology[M]. Amsterdam:Elsevier,2014.

[2] Biswas A K. 水文学史[M]. 刘国纬,译.北京:科学出版社,2007.

[3] Renard B, Kavetski D, Kuczera G, et al. Understanding predictive uncertainty in hydrologic modeling: The challenge of identifying input and structural errors [J]. Water Resources Research, 2010, 46(5).

[4] Hong Y. Multiscale hydrologic remote sensing: perspectives and applications [M]. Boca Raton:CRC Press, 2012.

[5] Tang G Q, Ma Y Z, Long D, et al. Evaluation of GPM Day-1 IMERG and TMPA Version-7 legacy products over Mainland China at multiple spatiotemporal scales[J]. Journal of Hydrology, 2016, 533: 152-167.

[6] 陈渭民. 卫星气象学[M]. 北京:气象出版社,2003.

[7] Jiang S H,Ren L L, Yong B, et al. Evaluation of high-resolution satellite precipitation products with surface rain gauge observations from Laohahe Basin in northern China[J]. Water Science & Engineering, 2010, 3(4): 405-417.

[8] 刘元波,傅巧妮,宋平,等. 卫星遥感反演降水研究综述[J]. 地球科学进展,2011, 26(11): 1162-1172.

[9] Krajewski W F. Cokriging radar-rainfall and rain gage data[J]. Journal of Geophysical Research Atmospheres, 1987, 92(D8): 9571-9580.

[10] Nelson B R, Seo D, Kim D. Multisensor precipitation reanalysis[J]. Journal of Hydrometeorology, 2010, 11(3): 666-682.

[11] Seo D J. Real-time estimation of rainfall fields using radar rainfall and rain gage data[J]. Journal of Hydrology, 1998, 208(1-2): 37-52.

[12] Todini E. A Bayesian technique for conditioning radar precipitation estimates to rain-gauge measurements[J]. Hydrology and Earth System Sciences, 2001, 5(2):187-199.

[13] 张蒙蒙. 对我国高分辨率融合降水资料的适用性评估[D]. 南京:南京信息工程大学, 2012.

[14] Li D F , Tian Y, Liu C M, et al. Impact of land-cover and climate changes on runoff of the source regions of the Yellow River[J]. Journal of Geographical Sciences, 2004,14(3):330-338.

[15] 胡庆芳. 基于多源信息的降水空间估计及其水文应用研究[D]. 北京:清华大学, 2013.

[16] Herschy R W, Marsh T J, Herschy R W, et al. Thiessen polygon[M]// Herschy R W, Fairbridge R W. Encyclopedia of hydrology and water resources. Dordrecht: Springer Netherlands, 1998:648-649.

[17] De Mesnard L. Pollution models and inverse distance weighting: Some critical remarks[J]. Computers & Geosciences, 2013,52:459-469.

[18] Matheron G. Principles of geostatistics[J]. Economic Geology, 1963,58(8): 1246-1266.

[19] Oliver M A, Webster R. Kriging: A method of interpolation for geographical information systems[J]. International Journal of Geographical Information Systems, 1990, 4(3): 313-332.

[20] Daly C, Neilson R P, Phillips D L. A statistical-topographic model for mapping climatological precipitation over mountain terrain[J]. Journal of Applied Meteorology and Climatology, 1994, 33(2): 140-158.

[21] Tait A, Henderson R, Turner R, et al. Thin plate smoothing spline interpolation of daily rainfall for New Zealand using a climatological rainfall surface[J]. International Journal of Climatology, 2006, 26(14):2097-2115.

[22] 覃建明,陈洋波,王幻宇. 泰森多边形降雨插值方法在流溪河模型洪水预报中的应用[J]. 中国农村水利水电, 2017(1): 88-93.

[23] 刘金涛,张佳宝. 山区降水空间分布的插值分析[J]. 灌溉排水学报, 2006, 25(2): 34-38.

[24] 秦伟良,刘悦. 空间插值法在降水分布中的应用[J]. 南京信息工程大学学报, 2010, 2(2): 162-165.

[25] Piazza A D, Conti F L,Noto L V, et al. Comparative analysis of different techniques for spatial interpolation of rainfall data to create a serially complete monthly time series of precipitation for Sicily, Italy[J]. International Journal of Applied Earth Observations & Geoinformation, 2011, 13(3): 396-408.

[26] 赵登忠,张万昌,刘三超. 基于DEM的地理要素PRISM空间内插研究[J]. 地理科学, 2004, 24(2): 205-211.

[27] Goovaerts P. Geostatistical approaches for incorporating elevation into the spa-

tial interpolation of rainfall[J]. Journal of Hydrology, 2000, 228(1-2): 113-129.

[28] Pardo-Igúzquiza E. Comparison of geostatistical methods for estimating the areal average climatological rainfall mean using data on precipitation and topography[J]. International Journal of Climatology, 1998, 18(9): 1031-1047.

[29] 石朋,芮孝芳. 降雨空间插值方法的比较与改进[J]. 河海大学学报(自然科学版),2005,33(4):361-365.

[30] 王国泰,张守平,杨清伟,等. 基于空间插值方法的重庆降水信息展布[J]. 南水北调与水利科技, 2018, 16(3): 18-23.

[31] 梁天刚,王兮之,戴若兰. 多年平均降水资源空间变化模拟方法的研究[J]. 西北植物学报, 2000, 20(5): 856-862.

[32] Fang S M, Qian Z T, Li Y P. Comparison of four precipitation spatial interpolation methods in Gansu[J]. Journal of Arid Land Resources & Environment, 2005, 19(3): 47-50.

[33] 朱芮芮,李兰,王浩,等. 降水量的空间变异性和空间插值方法的比较研究[J]. 中国农村水利水电, 2004(7): 25-28.

[34] Kurtzman D, Navon S, Morin E. Improving interpolation of daily precipitation for hydrologic modelling: Spatial patterns of preferred interpolators [J]. Hydrological Processes, 2009, 23(23): 3281-3291.

[35] Hossain F, Lettenmaier D P. Flood prediction in the future: Recognizing hydrologic issues in anticipation of the global precipitation measurement mission [J]. Water Resources Research, 2006,42(11):1-5.

[36] Xue X W, Hong Y, Limaye A S, et al. Statistical and hydrological evaluation of TRMM-based Multi-satellite Precipitation Analysis over the Wangchu Basin of Bhutan: Are the latest satellite precipitation products 3B42V7 ready for use in ungauged basins? [J]. Journal of Hydrology, 2013, 499: 91-99.

[37] 王存光,洪阳. 卫星遥感降水的反演、验证与应用综述[J]. 水利水电技术, 2018, 49(8): 4-12.

[38] Simpson J, Adler R F, North G R. A proposed Tropical Rainfall Measuring Mission (TRMM) satellite[J]. Bulletin of the American Meteorological Society, 1988, 69(3): 278-295.

[39] Huffman G J, Bolvin D T, Braithwaite D, et al. Developing the Integrated Multi-Satellite Retrievals for GPM (IMERG)[J]. Acta Paulista De Enfermagem, 2012, 25(1): 146-150.

[40] Wanders N, Pan M, Wood E F. Correction of real-time satellite precipitation with multi-sensor satellite observations of land surface variables[J]. Remote

Sensing of Environment, 2015, 160: 206-221.

[41] Funk C, Peterson P, Landsfeld M, et al. The climate hazards infrared precipitation with stations—a new environmental record for monitoring extremes[J]. Scientific Data, 2015, 2(1): 1-21.

[42] Ashouri H, Hsu K L, Sorooshian S, et al. PERSIANN-CDR: Daily precipitation climate data record from multisatellite observations for hydrological and climate studies[J]. Bulletin of the American Meteorological Society, 2014, 96(1): 69-83.

[43] Huffman G J, Adler R F, Bolvin D T, et al. The TRMM Multi-Satellite Precipitation Analysis (TMPA)[M]//Satellite rainfall applications for surface hydrology. Springer, Dordrecht, 2010: 3-22.

[44] Joyce R J, Janowiak J E, Arkin P A, et al. CMORPH: A method that produces global precipitation estimates from passive microwave and infrared data at high spatial and temporal resolution[J]. Journal of Hydrometeorology, 2004, 5(3): 287-296.

[45] Kubota T, Shige S, Hashizume H, et al. Global precipitation map using satellite-borne microwave radiometers by the GSMaP project: Production and validation[J]. IEEE Trans. geosci. remote Sens, 2007, 45(7): 2259-2275.

[46] Prakash S, Mitra A, Pai D, et al. From TRMM to GPM: How well can heavy rainfall be detected from space? [J]. Advances in Water Resources, 2016, 88: 1-7.

[47] Turk F J, Bauer P, Arkin P A. Satellite-derived precipitation verification activities within the International Precipitation Working Group (IPWG)[C]//AGU Fall Meeting Abstracts, 2005: GC41A-0385.

[48] Tian Y D, Peters-Lidard C D, Choudhury B J, et al. Multitemporal analysis of TRMM-Based satellite precipitation products for land data assimilation applications[J]. Journal of Hydrometeorology, 2007, 8(6): 1165-1183.

[49] Yuan F, Zhang L, Soe K, et al. Applications of TRMM- and GPM-Era multiple-satellite precipitation products for flood simulations at sub-daily scales in a sparsely gauged watershed in Myanmar[J]. Remote Sensing, 2019, 11: 140.

[50] Hirpa F A, Gebremichael M, Hopson T. Evaluation of high-resolution satellite precipitation products over very complex terrain in Ethiopia[J]. Journal of Applied Meteorology and Climatology, 2010, 49(5): 1044-1051.

[51] Shen Y, Xiong A Y, Wang Y, et al. Performance of high-resolution satellite precipitation products over China[J]. Journal of Geophysical Research Atmospheres, 2010, 115(D2).

[52] Yong B, Ren L, Hong Y, et al. Hydrologic evaluation of multisatellite precipitation analysis standard precipitation products in basins beyond its inclined latitude band: A case study in Laohahe basin, China[J]. Water Resources Research, 2010,46(7).

[53] Romilly T G, Gebremichael M. Evaluation of satellite rainfall estimates over Ethiopian river basins[J]. Hydrology and Earth System Sciences, 2011, 15(5): 1505-1514.

[54] 郭瑞芳,刘元波. 遥感降水数据精度检验策略及检验方法综述[J]. 遥感技术与应用, 2018, 33(6): 3-13.

[55] 罗俊海,王章静. 多源数据融合和传感器管理[M]. 北京:清华大学出版社, 2015.

[56] 沈艳,潘旸,宇婧婧,等. 中国区域小时降水量融合产品的质量评估[J]. 大气科学学报, 2013, 36(1):37-46.

[57] Li M, Shao Q X. An improved statistical approach to merge satellite rainfall estimates and raingauge data[J]. Journal of Hydrology, 2010, 385(1): 51-64.

[58] Seo D J, Breidenbach J P. Real-time correction of spatially nonuniform bias in radar rainfall data using rain gauge measurements[J]. Journal of Hydrometeorology, 2002, 3(2): 93-111.

[59] Zhang J, Qi Y, Langston C, et al. A real-time algorithm for merging radar QPEs with rain gauge observations and orographic precipitation climatology [J]. Journal of Hydrometeorology, 2014,15(5):1794-1809.

[60] Gruber A, Su X J, Kanamitsu M , et al. The comparison of two merged rain gauge—Satellite precipitation datasets[J]. Bulletin of the American Meteorological Society, 2000, 81(11): 2631-2644.

[61] Gjertsen U, šálek M, Michelson D B. Gauge adjustment of radar-based precipitation estimates in Europe[J]. Proceedings of ERAD (2004):7-11.

[62] 赵志轩,严登华,王浩,等. 基于 WEP 模型和 TRMM_PR 的唐家山堰塞湖入湖径流预报[J]. 水利学报, 2011,42(7):848-856+861.

[63] Almazroui M. Calibration of TRMM rainfall climatology over Saudi Arabia during 1998—2009[J]. Atmospheric Research, 2011, 99(3-4): 414.

[64] Barnes S L. A technique for maximizing details in numerical weather map analysis[J]. Journal of Applied Meteorology, 1964, 3(4): 396-409.

[65] Luo Y, Qian W, Zhang R, et al. Gridded hourly precipitation analysis from high-density rain gauge network over the Yangtze-Huai Rivers Basin during the 2007 Mei-Yu Season and comparison with CMORPH[J]. Journal of Hydrometeorology, 2013, 14(4): 1243-1258.

[66] Shen Y, Zhao P, Pan Y, et al. A high spatiotemporal gauge-satellite merged precipitation analysis over China[J]. Journal of Geophysical Research Atmospheres, 2014, 119(6): 3063-3075.

[67] Xie P P, Xiong A Y. A conceptual model for constructing high-resolution gauge-satellite merged precipitation analyses[J]. Journal of Geophysical Research Atmospheres, 2011, 116(D21).

[68] Gorenburg I P, Mclaughlin D, Entekhabi D. Scale-recursive assimilation of precipitation data[J]. Advances in Water Resources, 2001, 24 (9-10): 941-953.

[69] Gupta R, Venugopal V, Foufoula-Georgiou E. A methodology for merging multisensor precipitation estimates based on expectation-maximization and scale-recursive estimation[J]. Journal of Geophysical Research, 2006, 111 (D2).

[70] Boushaki F I, Hsu K, Sorooshian S, et al. Bias adjustment of satellite precipitation estimation using ground-based measurement: A case study evaluation over the Southwestern United States[J]. Journal of Hydrometeorology, 2009, 10(5): 1231-1242.

[71] Stisen S, Sandholt I. Evaluation of remote-sensing-based rainfall products through predictive capability in hydrological runoff modelling. [J]. Hydrological Processes, 2010, 24(7): 879-891.

[72] Vila D A, Goncalves L G G D, Toll D L, et al. Statistical evaluation of combined daily gauge observations and rainfall satellite estimates over continental South America. [J]. Journal of Hydrometeorology, 2008, 10(2): 533-543.

[73] 潘旸,沈艳,宇婧婧,等. 基于贝叶斯融合方法的高分辨率地面-卫星-雷达三源降水融合试验[J]. 气象学报, 2015, 73(1): 177-186.

[74] Hong Y, Adler R F, Hossain F, et al. A first approach to global runoff simulation using satellite rainfall estimation[J]. Water Resources Research, 2007, 43(8).

[75] Yuan F, Zhang L M, Win K W W, et al. Assessment of GPM and TRMM multi-satellite precipitation products in streamflow simulations in a data-sparse mountainous watershed in Myanmar[J]. Remote Sensing, 2017, 9(3):302.

[76] Li Z, Yang D, Gao B, et al. Multiscale hydrologic applications of the latest satellite precipitation products in the Yangtze River Basin using a distributed hydrologic model[J]. Journal of Hydrometeorology, 2015, 16(1): 407-426.

[77] Tong K, Su F G, Yang D Q, et al. Evaluation of satellite precipitation retrievals and their potential utilities in hydrologic modeling over the Tibetan Plateau

[J]. Journal of Hydrology, 2014, 519: 423-437.
[78] Meng J, Li L, Hao Z C, et al. Suitability of TRMM satellite rainfall in driving a distributed hydrological model in the source region of Yellow River[J]. Journal of Hydrology, 2014, 509: 320-332.
[79] Zubieta R, Getirana A, Espinoza J C, et al. Hydrological modeling of the Peruvian—Ecuadorian Amazon Basin using GPM-IMERG satellite-based precipitation dataset[J]. Hydrology & Earth System Sciences, 2017, 21(7): 3543-3555.
[80] Shah H L, Mishra V. Uncertainty and bias in satellite-based precipitation estimates over Indian Subcontinental Basins: Implications for real-time streamflow simulation and flood prediction[J]. Journal of Hydrometeorology, 2016, 17(2): 615-636.
[81] Behrangi A, Khakbaz B, Jaw T C, et al. Hydrologic evaluation of satellite precipitation products over a mid-size basin[J]. Journal of Hydrology, 2011, 397(3-4): 225-237.
[82] Nerini D, Zulkafli Z, Wang L P, et al. A comparative analysis of TRMM-rain gauge data merging techniques at the daily time scale for distributed rainfall-runoff modeling applications[J]. Journal of Hydrometeorology, 2015, 16(5): 2153-2168.
[83] Chiang Y M, Hsu K L, Chang F J, et al. Merging multiple precipitation sources for flash flood forecasting[J]. Journal of Hydrology, 2007, 340(3-4): 183-196.
[84] Li M, Shao Q X. An improved statistical approach to merge satellite rainfall estimates and raingauge data[J]. Journal of Hydrology, 2010, 385(1-4): 51-64.
[85] Jiang S H, Ren L L, Hong Y, et al. Comprehensive evaluation of multi-satellite precipitation products with a dense rain gauge network and optimally merging their simulated hydrological flows using the Bayesian model averaging method[J]. Journal of Hydrology, 2012, 452-453: 213-225.
[86] Bui T H, Ishidaira H. Evaluation of satellite—Gauge merging precipitation methods for rainfall runoff simulations[J]. Journal of Japan Society of Civil Engineers Ser. B1, 2015, 71(4): 79-84.
[87] Hu Y R, Maskey S, Uhlenbrook S,et al. Streamflow trends and climate linkages in the source region of the Yellow River, China[J]. Hydrological Processes, 2011, 25(22): 3399-3411.
[88] Rozante J R, Moreira D S, Gustavo L, et al. Combining TRMM and surface observations of precipitation: Technique and validation over South America[J]. Weather & Forecasting,2010, 25: 885-894.

[89] Tao C, Ren L, Fei Y, et al. Comparison of spatial interpolation schemes for rainfall data and application in hydrological modeling[J]. Water, 2017, 9(5): 342.

[90] Massy W F. Principal components regression in exploratory statistical research[J]. Journal of the American Statistical Association, 1965, 60(309): 234-256.

[91] 焦伟,陈亚宁,李稚,等. 基于多种回归分析方法的西北干旱区植被 NPP 遥感反演研究[J]. 资源科学, 2017,39 (3):545-556.

[92] 李颖,李文欣,田玉柱. 基于主成分回归的洛阳市旅游收入影响因素分析及旅游发展对策[J]. 价值工程, 2019, 38(14): 144-146.

[93] 沈逍宇. 基于主成分回归模型的海外工程项目成本预测研究[D]. 南昌:南昌大学, 2019.

[94] 尹彤,赵鑫,张莹,等. 基于主成分回归建立大坝变形回归模型[J]. 测绘标准化, 2019,35(1):33-34.

[95] 张凤莲. 多元线性回归中多重共线性问题的解决办法探讨[D]. 广州:华南理工大学, 2010.

[96] 章文波. 实用数据统计分析及 SPSS 12.0 应用[M]. 北京:人民邮电出版社, 2006.

[97] 封志明,杨艳昭,丁晓强,等. 气象要素空间插值方法优化[J]. 地理研究, 2004, 23(3): 357-364.

[98] 韩小慧. 稳健多元线性回归在地理数据处理中的应用[D]. 太原:太原理工大学, 2012.

[99] 周群. 分布式水文模型 SWAT 在黄河源区径流模拟中的应用研究[D]. 兰州:兰州理工大学, 2019.

[100] Alvarez-Cobelas M, Angeler D G, Sánchez-Carrillo S, et al. A worldwide view of organic carbon export from catchments[J]. Biogeochemistry, 2012, 107(1-3): 275-293.

[101] 鄢洪斌,朱均安,廖宏. 江西山洪灾害分布特征与预报初探[J]. 江西气象科技, 2005, 28(2): 27-30.

[102] 岳琦,张林波,刘成程,等. 赣江上游的土地利用类型对山洪灾害的敏感性[J]. 水土保持通报, 2016, 36(4):16-21+26.

[103] Geisser S. A predictive approach to the random effect model[J]. Biometrika, 1974, 61(1): 101-107.

[104] Kirschvink J L. The least-squares line and plane and the analysis of paleomagnetic data[J]. Geophysical Journal International, 1980, 62(3): 699-718.

[105] Huffman G J, Bolvin D T, Nelkin E J, et al. The TRMM Multisatellite Precipitation Analysis (TMPA): Quasi-global, multiyear, combined-sensor pre-

cipitation estimates at fine scales[J]. Journal of Hydrometeorology, 2007, 8(1): 38-55.

[106] Xie P P, Joyce R, Wu S R, et al. Reprocessed, bias-corrected CMORPH global high-resolution precipitation estimates from 1998 [J]. Journal of Hydrometeorology, 2017, 18(6): 1617-1641.

[107] Hou A Y, Kakar R K, Neeck S, et al. The global precipitation measurement mission[J]. Bulletin of the American Meteorological Society, 2014, 95(5): 701-722.

[108] Tan J, Huffman G J, Bolvin D T, et al. Diurnal cycle of IMERG V06 precipitation[J]. Geophysical Research Letters, 2019, 46(22): 13584-13592.

[109] Tan J, Huffman G J, Bolvin D T, et al. IMERG V06: Changes to the morphing algorithm[J]. Journal of Atmospheric and Oceanic Technology, 2019, 36(12): 2471-2482.

[110] Abera W, Brocca L, Rigon R. Comparative evaluation of different satellite rainfall estimation products and bias correction in the Upper Blue Nile (UBN) basin[J]. Atmospheric Research, 2016, 178-179: 471-483.

[111] Moazami S, Golian S, Hong Y, et al. Comprehensive evaluation of four high-resolution satellite precipitation products over diverse climate conditions in Iran[J]. Hydrological Sciences Journal, 2016, 61(2): 420-440.

[112] Yuan F, Wang B, Shi C X, et al. Evaluation of hydrological utility of IMERG final run V05 and TMPA 3B42V7 satellite precipitation products in the Yellow River source region, China[J]. Journal of Hydrology, 2018, 567: 696-711.

[113] 李哲. 多源降雨观测与融合及其在长江流域的水文应用[D]. 北京:清华大学, 2015.

[114] 罗俊海,王章静. 多源数据融合和传感器管理[M]. 北京:清华大学出版社, 2015.

[115] Zhang J, Qi Y C, Langston C, et al. A real-time algorithm for merging radar QPEs with rain gauge observations and orographic precipitation climatology [J]. Journal of Hydrometeorology, 2014, 15(5): 1794-1809.

[116] Krajewski W F. Cokriging radar-rainfall and rain gage data[J]. Journal of Geophysical Research Atmospheres, 1987, 92(D8): 9571-9580.

[117] Seo D J, Breidenbach J P. Real-time correction of spatially nonuniform bias in radar rainfall data using rain gauge measurements[J]. Journal of Hydrometeorology, 2002, 3(2): 93-111.

[118] Rosenfeld D, Wolff D B, Amitai E. The window probability matching method for rainfall measurements with radar[J]. Journal of Applied Meteorology &

Climatology, 1994, 33(6): 682-693.

[119] Pereira Fo. A J, Crawford K C, Hartzell C L. Improving WSR-88D hourly rainfall estimates[J]. Weather & Forecasting, 1998, 13(4): 1016-1028.

[120] Martina M L V, Todini E, Libralon A. A bayesian decision approach to rainfall thresholds based flood warning[J]. Hydrology & Earth System Sciences Discussions, 2006, 10(3): 413-426.

[121] Taylor K E. Summarizing multiple aspects of model performance in a single diagram[J]. Journal of Geophysical Research Atmospheres, 2001, 106(D7): 7183-7192.

[122] Toosi A S, Doulabian S, Tousi E G, et al. Large-scale flood hazard assessment under climate change: A case study[J]. Ecological Engineering, 2020, 147:105765.

[123] Khairul I M, Mastrantonas N, Rasmy M, et al. Inter-comparison of gauge-corrected global satellite rainfall estimates and their applicability for effective water resource management in a transboundary river basin: The case of the Meghna river basin[J]. Remote Sensing, 2018, 10(6):828.

[124] Hasan M M, Sharma A, Johnson F, et al. Merging radar and in situ rainfall measurements: An assessment of different combination algorithms[J]. Water Resources Research, 2016, 52(10): 8384-8398.

[125] Mateus P, Borma L S, Silva R D D, et al. Assessment of two techniques to merge ground-based and TRMM rainfall measurements: A case study about Brazilian Amazon Rainforest[J]. Giscience & Remote Sensing, 2016, 53(6): 689-706.

[126] 赵人俊,王佩兰. 新安江模型参数的分析[J]. 水文, 1988(6): 4-11.

[127] 任立良. 流域水文物理过程的数字模型研究[D]. 南京:河海大学, 1999.

[128] 袁飞. 考虑植被影响的水文过程模拟研究[D]. 南京:河海大学, 2006.

[129] 袁飞,任立良. 栅格型水文模型及其应用[J]. 河海大学学报(自然科学版), 2004,32 (5): 483-487.

[130] Cunge J A. On the subject of a flood propagation computation method (musklngum method)[J]. Journal of Hydraulic Research, 1969,7(2): 205-230.

[131] 芮孝芳. 产汇流理论[M]. 北京:水利水电出版社,1995.

[132] Bergström S. The HBV model[J]. Computer Models of Watershed Hydrology, 1995: 443-476.

[133] Abu-Zitar R, Nuseirat A M A. Performance evaluation of genetic algorithms and evolutionary programming in optimization and machine learning[J]. Cy-

bernetics & Systems, 2002, 33(3): 203-223.

[134] Duan Q Y, Gupta V K, Sorooshian S. Shuffled complex evolution approach for effective and efficient global minimization[J]. Journal of Optimization Theory and Applications, 1993, 76(3): 501-521.

[135] Thiemann M, Trosset M, Gupta H, et al. Bayesian recursive parameter estimation for hydrologic models[J]. Water Resources Research, 2001, 37(10): 2521-2535.

[136] Stedinger J R, Vogel R M, Lee S U, et al. Appraisal of the Generalized Likelihood Uncertainty Estimation (GLUE) method[J]. Water Resources Research, 2008, 44(12).

[137] 袁飞,赵晶晶,任立良,等. TRMM 多卫星测雨数据在赣江上游径流模拟中的应用[J]. 天津大学学报, 2013(7):611-616.

[138] 张利敏. 未来气候变化对水文过程影响及不确定性源定量评估[D]. 南京:河海大学, 2019.

[139] Zhu Q, Xuan W D, Liu L, et al. Evaluation and hydrological application of precipitation estimates derived from PERSIANN-CDR, TRMM 3B42V7, and NCEP-CFSR over humid regions in China[J]. Hydrological Processes, 2016, 30(17): 3061-3083.

[140] Haberlandt U. Geostatistical interpolation of hourly precipitation from rain gauges and radar for a large-scale extreme rainfall event[J]. Journal of Hydrology, 2007, 332(1-2): 157.